산업 현장을 위한

위험과 안전의 심리학

일러두기

- 이 책에 사용된 일본식 표현과 용어는 한국 실정에 맞는 표현과 용어로 교체되었습니다.
- 일본어는 국립국어원의 외래어 표기법에 준하여 표기하였습니다.

산업 현장을 위한

위험과 안전의 심리학

마사다 와타루 지음 | 이재식, 박인용 옮김

인재NO

머 리 말

각종 사고 소식이 하루도 빠짐없이 언론에 등장한다. 의료 사고, 비위생적 제조 공정으로 인한 식중독 발생, 교통사고 등이 바로 그것이다. 세간의 주목을 끈 의료 사고 중에는 환자가 바뀐 경우도 있었다. 이 사고가 일어났던 병원에서는 이후 안전 관리실을 설치해 병원 내 안전 체제 개선을 도모했다고 한다. 하지만 1년 후 소독약 병에 '내복(內服)' 라벨을 붙여 환자에게 주는 실수가 또 일어났다. 다행히 환자가 삼켰다가 토해 큰일은 벌어지지 않았다.

안전 관리 체제에 만전을 기했는데도 왜 이처럼 사고가 되풀이될까? 사실 일본은 다른 나라에 비해 산업 시설 내 사고 발생률이 낮기로 정평이 나 있다. 도수율(度數率)[1]이나 강도율(强度率)[2]이 낮다

1) 산업 재해 지표의 하나로 전 직원이 백만 시간당 근무하는데 발생한 재해 건수를 말한다.

2) 재해의 경 · 중 정도를 측정하기 위한 척도로서 근로시간 1천 시간당 재해에 의해 상실된 근로 손실 일수를 뜻한다.

는 의미다. 일본은 그동안 노동안전위생법 제정과 노동환경 조건 개선, 기계 관련 기술의 진보와 더불어 안전에 대한 철저한 교육과 훈련 등을 통해 사고 발생률을 양호한 상태로 유지해 왔다.

그런데도 불구하고 작업 현장에서는 에러나 사고가 일어난다. 그리고 그것이 일반인의 생명을 위협하는 경우도 늘고 있다. 또 언론 보도 등을 통해 이 분야에 대한 사람들 관심도 높아졌다. 수십 년 전과 비교하면 신문에서 에러나 사고를 다루는 기사의 비율이 상당히 높아진 것을 알 수 있다. 특히 최근 몇 년 새 이전에는 생각지도 못했던 '안전 문화', '인적 요인'이라는 말도 자주 사용되고 있다.

내가 안전심리학(이 분야도 근래 들어 사람들에게 새롭게 인식되었다) 연구에 들어선 지 이미 40년 이상 지났다. 은사였던 고(故) 도요하라 쓰네오(豊原恒男) 선생께서 이제는 심리학도 안전 관리와 사고 방지 측면에 힘을 기울여야 한다고 역설하며 나를 이 길로 이끌어주셨다. 그 후 나는 연구를 지속하며 안전과 관련된 책만 10권 이상 집필했는데, 이 책 역시 그 가운데 하나이다.

1984년 일본 중앙노동재해방지협회에서 출판된 《위험과 안전의 심리학》은 오늘날까지도 계속 수정 가필하여 각종 연구 기관이나 세미나에서 활용되고 있다. 그리고 이번에 중앙노동재해방지협회에서 '재해 방지 신서' 시리즈의 한 권으로 넣겠다는 말을 듣고 다시 일부 내용을 수정하거나 보완하였다. 주로 지나치게 오래된 사례를 수정했고, 새로운 연구 내용을 소개하였다. 또한 최근에 발생한 에러와 사고의 사례들을 추가하였다.

원래 구판은 당시 협회에서 발행되던 월간지 《안전》(2000년 1월부터는 《안전과 건강》으로 제목이 바뀌었다)에 2년 동안 연재한 〈안전을 위한 심리학 입문 강좌〉 원고에 다른 잡지에 기고한 것을 추가해 작성했다.

심리학의 연구 내용은 시대와 더불어 크게 변화하고 발전했다. 대표적으로 인지과학, 신경생리학, 정보 통신 이론 등이 심리학의 일부로 포함된 것을 들 수 있다. 그러나 인간의 심리 그 자체는 예로부터 거의 변하지 않았다. 현재 나는 중앙노동재해방지협회가 운영하는 도쿄안전위생교육센터에서 '안전 심리' 강좌를 주재하고 있다. 그 강좌 내용 중 많은 수강생에게 공감을 받았던 부분은 이 책에서 그대로 살리기로 했다.

안전 대책과 교육은 효과가 곧바로 나타나지 않으므로 오랜 기간 끈기 있게 추진해야 한다. 또 결코 소홀해서도 한 된다. 일본에서는 해마다 여름이 되면 안전 주간, 안전 강화의 달 등을 정해 여러 가지 관련 행사가 열린다. 하지만 이것도 그때가 지나면 원래 하던 대로 돌아가 버린다. 안타깝기 그지없다. 어느 한때가 아니라 매일 안전하고 행복한 생활을 보낼 수 있도록 조금이라도 도움이 되기를 진심으로 바란다.

끝으로 이 책이 출간되기까지 많은 도움을 준 중앙노동재해방지협회 보급사업부 출판과의 모테키 이사오(茂木 勳) 씨에게 고맙다는 말을 전한다.

2000년 12월

마사다 와타루

차 례

머리말 5

제1장 안전 확보를 위한 첫걸음

확인하고, 또 확인한다 13

인간공학을 활용한다 18

안전 풍토를 만들기 위해 노력한다 23

제2장 부하에 대해 얼마나 알고 있는가

표정에 유의하자 33

안색이 나쁜 사람에게 말을 걸자 40

부하가 잘하는 일을 살피자 46

입가를 보면서 이야기를 듣자 51

감추어진 소리를 들어보자 58

제3장 이런 리더를 기대한다

MP형 리더십을 발휘하자 67

규율을 지키지 않는 사람을 리더로 임명하자 74

중장년 남성이여 힘을 내자 81

제4장 인간 특성을 알자
'안전'을 바란다면 급할수록 돌아가라 91
전달 내용은 간략하게 한다 98
단독 작업자에게는 긴밀하게 연락한다 105
토요일에 놀고 일요일은 쉬자 112

제5장 휴먼에러를 방지하기 위해
세세한 데까지 주의를 기울인다 123
일에 착수하기 전에는 심호흡을 한다 131
봐야 할 것을 보자 138

제6장 사고는 궁리하면 막을 수 있다
맨손으로 걷지 않는다 147
잠이 부족할 땐 노래를 흥얼거린다 157
사람이나 물체에 너무 가까이 가지 않는다 163
도구도 자신의 일부라고 생각한다 169

제7장 설비와 기계를 인간 특성에 맞추자
손발의 좌우 특성을 살피자 177
비상구가 왼쪽에만 있는 것은 아니다 184
걷기 쉬운 쪽으로 걷는다 190

제8장 직장을 안전하게 만들려면
안전은 팀워크로 제고한다 201
이인삼각으로 달린다 207
아이디어가 나오기 쉬운 직장을 만들자 215
외적 · 내적 동기부여를 활용하자 223
'터치 앤드 콜'을 활용한다 231

참고문헌 238

제1장

안전 확보를 위한 첫걸음

확인하고, 또 확인한다

뒤바뀐 환자

1999년 1월, Y대 부속병원에서 어처구니없는 실수가 일어났다. 폐종양 수술이 예정되어 있던 84세 남성 환자 A가 심장 승모 성형술을 받고, 같은 시각 심장 수술이 예정되어 있던 74세 남성 환자 B가 폐낭 절제술을 받게 된 것이다. 나는 아직도 이 사고를 생생하게 기억한다. 환자 착오 사고를 분석한 《사고조사위원회보고서》에서 발췌한 사고의 원인은 다음과 같다.

① 두 명의 환자를 한 명의 간호사가 동시에 수술실로 이송한 것

② 수술실 입구에서 환자를 인계인수 시 환자가 뒤바뀐 것

③ 환자와 진료카드가 함께 움직이지 않고 별도의 창구에서 건네지고, 수술실로 이송된 것

④ 마취과 의사가 환자 확인을 제대로 하지 않았던 것

⑤ 마취 시작 전에 주치의가 입회하지 않고, 환자 식별을 제대로 하지 않은 것

이 병원에서는 과거에도 간호사 한 명이 환자 두 명을 동시에 이송했다고 한다. 항상 일손이 부족한 병원에서는 어쩔 수 없는 상황일 수도 있다. 하지만 두 번째에서 다섯 번째에 이르는 사고 원인은 미숙함 외에는 설명할 수 없다. 환자 두 명을 이송한 병동 간호사 C는 첫 번째 환자 B의 병동과 이름을 수술실 간호사 D에게 알렸다. 하지만 두 번째 환자인 A의 이름은 고지하지 않았다. 수술실 간호사 D는 환자 B를 A라고 생각하고 병동 간호사 C에게 확인하기 전 직접 "A 씨, 안녕하세요." 하며 인사를 건넸다. 하지만 동시에 간호사 D는 두 번째 환자 A의 이름을 간호사 C에게 확인하거나 직접 부르지도 않았다.

가장 심각한 문제는 마취과 의사가 환자 B의 등에 붙어 있던 테이프나 환자의 치아 상황, 두발 모양 등을 확인하지 않았던 것이다. 또 주치의가 환자가 맞는지 확인하기 전에 마취가 시작되기도 하였다.

두 환자는 ICU(집중 치료실)에 입실할 때가 되어서야 비로소 뒤바뀐 사실이 확인되었다. A의 몸무게가 본래 심장 수술을 받기로 되어 있던 환자 B의 수술 후 예상 몸무게와 달랐던 것이 계기였다.

누락된 점검 사항

Y대 부속병원에서는 그 후 각종 사고 방지 대책이 강구되었다. 그중 하나가 환자 인수인계 시 환자 확인 방법이다. 예를 들면 이런 식이다.

① 환자에게 직접 성명을 물어 확인한다.

② 환자 식별 밴드에 적힌 환자의 ID, 성명, 연령, 성별, 입원 연월일 등을 진료카드와 대조해 확인한다.

③ 발바닥에 적힌 환자의 성명을 진료카드와 대조해 확인한다.

이러한 대책들은 사고 당시에 실천되지 않았던 부분이다. 하지만 여기에도 허점은 존재한다. 환자에게 직접 확인하기 같은 경우, 환자가 마취 전 이미 다른 약물 투여로 의식이 명료한지 확신할 수 없기 때문에 그다지 유효한 방법으로 볼 수 없다.

그밖에 마취 의사도 환자 A의 치아가 가지런하고, 백발이 섞인 짧은 머리카락인 것에 의문을 가졌지만 이를 차트와 대조해 철저하게 확인하지 않았다. 게다가 폐 수술을 위한 제모는 심장 수술용 제모보다 범위가 좁은데 A의 제모 상태에 의문을 가지지 않고, 수술 담당 간호사 I에게 제모가 덜 되었다고 지적만 했다.

집도의와 주치의 역시 개흉 전후에 해야 하는 몇 가지 확인을 제대로 하지 않았다. 개흉 전 청진을 했다면 심장비대와 심잡음이 없으므로 환자 B가 아니라는 사실을 확인할 수 있었다. 또 가슴을 연 후에는 B의 폐가 종양을 제거해야 하는 A의 CT 영상과 다른 점을 알아차렸어야 한다.

Y 대학 부속병원에서 발생한 이 사고는 간호사와 의사가 각각의 단계에서 본래 실시해야 하는 점검과 확인을 여러 차례 생략해 발생했다. 이런 점검과 확인이 생략되어 발생하는 실수나 사고 혹은 사망 사고는 이 병원에서만 일어나지는 않는다. 우리는 '혈액형 착

오로 인한 수혈 실수', '링거 주사 착오에 의한 환자 사망', '소독액 주입 실수', '수술 시 사용한 바늘을 체내에 방치한 채 봉합', '안정제 처방 분량 기입 오류에 의한 환자 호흡 정지' 등의 사고 소식을 매일같이 접하고 있다.

물론 이런 실수와 사고가 일어나는 이면에는 인사나 노무관리, 과도한 노동시간, 불합리한 교대 근무, 적절한 휴식 시간의 부족, 혼동하기 쉬운 설비나 도구 등의 여러 가지 문제들이 복잡하게 얽혀 있다. 따라서 사고를 일으킨 사람을 특정해 문책할 수 없는 경우도 있다. 하지만 모든 실수나 사고의 공통 원인은 각각의 단계에서 행해졌어야 하는 확인과 점검이 생략되었다는 점이다.

점검과 확인은 아무리 반복해도 지나치지 않다. 확인하고 또 확인하는 것이 바로 안전 확보의 기본이다.

인간공학을 활용한다

식별의 어려움

앞서 '안정제 처방 분량 기입 오류에 의한 환자 호흡 정지' 사고에 대해 언급했다. 이 사건은 주치의가 불면증 환자에게 신경안정제를 원래 처방해야 하는 0.5밀리그램 대신 열 배나 많은 5밀리그램을 처방하며 발생했다. 사고가 일어난 병원에서는 본래 컴퓨터 시스템을 이용해 처방전을 전달하며, 일반적인 처방 용량을 초과하는 경우 경고창이 뜬다. 하지만 사건 당일은 일요일이었으므로 주치의는 시스템이 가동되지 않는다고 생각해, 당해 갓 시험에 합격한 신참 레지던트에게 수기 입력을 지시했다. 레지던트는 아무 의심 없이 5밀리그램을 그대로 기입했고, 약제사 역시 과도한 양을 알아차리지 못한 채 그대로 조제해 버렸다.

사실 이처럼 투여량을 잘못 기입하거나, 의사의 처방을 판독하기 어려워 잘못된 약을 주는 경우는 비일비재하다. 약제사의 실수를 탓하기 전에 의사 역시 처방전을 올바로 판독할 수 있도록 정확하게 쓸 필요가 있다. 특히 악필인 사람의 처방전은 이중 삼중으로 확인하지 않으면 안 된다. 그리고 올바로 기입하더라도 컴퓨터에 입력하면서 실수하는 경우도 있다. 두 번, 세 번 확인해야 하는 이유다.

언젠가는 비행 중이던 대형 여객기의 유압용 기름이 누출되는 사고가 발생한 적도 있다. 펌프를 교체하고 다음 날 비행했으나 다시 기름이 누출되었다. 또다시 펌프를 교체하고 그다음 날 비행했지만 기름은 똑같이 누출되었다. 같은 비행기가 사흘 동안 동일한 고장이 반복된 것이다. 이를 이상하게 여겨 철저히 점검하자, 뜻밖의 곳에서 원인이 발견되었다. 유압 장치의 펌프와 파이프를 잇는 부품이 범인이었다. 이 부품은 길이 5센티미터, 지름 2센티미터의 나사 모양으로, 기름을 보내는 구멍이 뚫려 있다. 펌프의 접합 부위에 붙는 부분인 A와 조종석에 사용하는 B 이렇게 두 종류로 겉모양은 똑같지만 기름이 통과하는 구멍의 직경은 A가 B보다 크다. 정비 시 착오로 B에 들어갈 부품을 A에 부착한 것이다.

숙련된 작업자가 정비를 담당했지만 부품을 손으로 만졌을 때 겉

모양이 같고, 나사가 딱 맞아서 들어갔으므로 잘못된 부품을 장착했으리라고 의심하지 않았던 것이다. 이런 에러는 모양은 비슷하지만 사용 장소와 성능이 다른 유사 부품을 서로 구별하기 쉽게 보관해 두면 줄일 수 있다.

일상적으로 자주 되풀이해 습관처럼 이루어지는 작업에서는 많은 행동이 생략되고 반사적, 자동적으로 움직이게 된다. 우리는 일반적으로 늘 쓰는 레버나 스위치를 조작할 때 반드시 그 방향으로 몸을 돌린 후 신중하게 움직이지는 않는다. 대수롭지 않게 손을 뻗을 때가 많으며, 따라서 원래의 목적과 다른 것을 만지는 경우가 있다. 이로 인해 사고가 일어난 사례는 셀 수 없을 정도로 많다.

하지만 처음부터 설비나 시스템을 설계할 때 인간의 능력이나 특성에 맞도록 만들어져 있으면 오동작이나 오류는 줄어든다. 예컨대 스위치를 위로 올리면 전기가 통하고, 아래로 내리면 전기가 끊어지게 되어 있다면 에러는 일어나지 않는다.

인간공학의 활용

손이나 손가락을 사용하지 않는 작업은 없다. 인간은 생각하는 동물인 동시에 도구를 사용하는 동물이기도 하다. 건강한 사람의 손가락은 좌우 각각 다섯 개씩이다. 이 다섯 개의 손가락 가운데 속도와 규칙성, 작업량 등의 측면에서 가장 뛰어난 것은 둘째 손가락(검지)이다. 첫째 손가락(엄지)과 셋째 손가락(중지)이 그 뒤를 따르고, 가장 뒤떨어지는 것은 넷째 손가락(약지)이다. 넷째 손가락은 비교적 고정적이고 항상성을 띄는 운동을 한다. 그리고 별로 훈련되어 있지 않기 때문에 개인의 소질이나 특성을 잘 나타내는 손가락이기도 하다.

예전 어느 회사에서 키펀치 작업에 종사하는 사무원이 손가락 마비로 고통을 호소한 적이 있었다. 왼손으로 전표를 넘기면서 오른손으로 숫자판을 두드리는 일을 했던 그 사람은 약지로 숫자 0을 하루에 수천 번이나 눌렀다. 기능성이 가장 떨어지는 손가락에 부담을 가하고 있었던 것이다.

워드프로세서, 컴퓨터, 금전등록기, 체커 등은 손을 사용해야 한다. 이런 종류의 사무 작업에 종사하는 사람들은 직업병으로 경견완증후군(목, 어깨, 혹은 상완에 통증이나 마비가 오는 장애)이 주로 발생한다. 따라서 연속 작업 시간이나 휴식 시간 등을 고려함과 동시에 인간의 능력이나 특성을 감안한 도구를 디자인하고 설계, 제작하는 것이 바람직하다.

이처럼 인간의 특성에 맞는 설비나 환경을 제공하는 분야를 인간공학이라 한다. 미국에서는 휴먼 팩터(human factor)라는 용어를 주로 사용하고, 유럽에서는 에르고노믹스(ergonomics)라 한다. 에르고노믹스는 그리스어 에르고(ergo, 힘)와 노모스(nomos, 법칙)의 합성어로 일의 자연적 법칙을 의미한다. 인간과 기계, 환경과 일 사이에 존재하는 생리 및 심리 법칙을 연구하는 학문이다.

우리는 주위에 있는 도구와 기계, 환경 등이 인간의 특성에 어울리는지 인간공학적인 측면에서 검토할 필요가 있다.

안전한 풍토를 만들기 위해 노력한다

방사능 누출 사고

1999년 9월 30일, 일본 이바라키 현(茨城縣) 도카이 촌(東海村)에 위치한 JCO 핵연료 가공 시설에서 일본 최초의 방사능 누출 사고(핵연료 임계 사고)가 발생했다. 이 사고는 사망자 2명 발생, 사업소 반경 350미터 이내 거주자 대피, 반경 10킬로미터 내 주민들에게는 건물 안 대피를 일으킨 전례 없는 참사였다.

누출 사고의 원인을 규명하기 위해 공공 기관, 각종 학회, 연구기관 등이 동원되었으며 여러 가지 보고서가 나왔다. 대부분의 보고서에서 공통적으로 지적한 것은 이 사고가 이른바 '휴먼에러'라기보다는 조직 전체가 일으킨 '조직 에러'에 해당한다는 점이다. 일본 원자력학회의 '휴먼·머신·시스템 연구부회'에서는 이 사고에 대해 다음과 같은 결론을 내리고 있다.

> "사고를 초래한 작업자의 불안전 행위는 종래의 휴먼에러라고는 생각할 수 없으며, 조직 에러라 해야 할 만한 것이다. 그리고 사후 대응 역시 사업자, 정부, 지방자치단체 간 정보 전달이나 역할 분담 등 방재 체제가 갖추어지지 않아 사고 처리가 더 늦어졌다. 이 때문에 피폭자는 더 늘어났으며 이것 역시 조직 에러로 분류할 수 있을 것 같다. 이러한 조직 에러에 의해 일어나는 조직적인 사고에 대한 대책으로, 기계 설비를 개량하거나 수리하는 것, 작업자에 대한 훈련과 관리의 강화, 감시와 규제 강화 등 직접적 요인에 대한 대처 요법만으로는 불충분하다. 사고의 배경이 되는 조직적인 요인까지도 고려한 대응을 검토하는 것이 반드시 필요하다."
>
> — 사고 조사 보고서 49항 발췌

지극히 당연한 말이다.

JCO의 안전 관리상 문제점은 이미 여러 차례에 걸쳐 다양한 방면으로 지적당했다. 그리고 기술적 관점에서의 분석 역시 많으므로 여기서는 이들을 제외하고 교육이나 조직 측면의 한두 가지만 살펴보자.

① 정해진 절차가 아닌 위법적 순서가 적힌 '이면 매뉴얼'을 작성해 사용 중이었다. 작업성 향상, 비용 절감 등의 이점이 있었던 이 도구는 회사 차원에서 채택한 것이었다.

② 제조 부문에서 개정 매뉴얼의 원안을 작성하고 이를 품질 보증 부서에서 심사해 제조부장이 승인했다. 이 역시 안전 관리 그룹장이나 핵연료 취급 주임자의 재가가 없어도 개정이 가능한 조직 구조상의 미비점이 있었다.

③ 안전을 위한 작업 순서를 적은 매뉴얼이 존재하지 않았다. 또 안전 관리를 위한 지시가 현장까지 충분히 전달되지 않았다.

④ 신입 사원을 현장에 투입하기 위한 도입 교육, 연간 1회 이상 실시하는 보안 교육 과정에서 안전 교육이 실시되기는 하였다. 이때 임계 현상이나 임계 관리 방법 등에 대한 교육이 이루어지기는 하였지만, 내용이 형식적이고 위험을 감지하는 데 필요한 지식이 포함되어 있지는 않았다.

사고 재해 방지 안전 대책 회의

이런 우라늄 가공 시설의 임계 사고, H-II 로켓 발사 실패, 철도 터널에서의 콘크리트 낙하 사고 등이 잇달아 발생한 것을 계기로 1999년 10월 정부 각 관계 부처로 구성된 '사고 재해 방지 안전 대책 회의'가 설치되었으며, 동년 12월 보고서가 취합 발간되었다.

이 보고서에서는 안전한 사회를 실현하기 위해, '안전을 기본으로 하는 문화'를 창조해야 한다고 거론한다. 즉 조직과 개인이 안전을 최우선시하는 풍토나 문화의 확산을 통해 사회 전체의 안전 의식을 높여야 한다고 강조한 것이다. 그리고 이를 위해 정부나 각 사업자가 취해야 할 구체적 시책을 다음과 같이 제시한다.

① 학교 교육 전반에 걸친 충실한 안전 교육 실시
② 사업자에 대해 철저한 안전 교육과 안전 의식을 도모하는 대책
③ 사업자의 철저한 법령 준수와 법령 위반 시 정부의 엄정한 대처
④ 검사와 점검 체제 강화
⑤ 기계와 시스템의 안전성 향상 촉진
⑥ 정보 공유와 공개 촉진

하나같이 매우 훌륭한 시책이다. 그렇지만 이것이 과연 어느 정

도까지 실현 가능할지 의문스러워진다. 왜냐하면 이 보고서가 나온 뒤에도 여전히 화산 폭발을 비롯한 여러 가지 자연재해가 일어나고, 병원 등에서는 여전히 실수나 사고가 발생하고 있다. 하지만 중앙 정부를 비롯한 각 관계 부처의 대응이나 대책이 신속하고 적확하게 이루어졌다고는 결코 생각되지 않기 때문이다. 예컨대 최근에 새롭게 설립된 병원 중에는 리스크 관리자를 별도로 두어 사고에 철저하게 대응하는 곳도 존재한다. 이런 병원에서는 각 부서에서 발생한 실수나 사고 개요가 올라와 취합되므로 정보의 공유가 가능하다. 하지만 이런 병원은 매우 드물게 존재한다.

에러가 제때 보고되지 않는 것은 그로 인해 자신에 대한 평가가 낮아질지도 모른다는 두려움 때문이다. 실수나 사고를 저지르면 경영자나 관리자에게 질책당한다. 그래서 작은 실수를 저지르더라도 작업자는 이를 감추거나 보고하지 않게 된다. 이렇게 실수나 사고 실태를 은폐해서는 그 후의 사고 방지 대책이 열매를 맺지 못한다.

따라서 위험천만한 사태나 작은 실수라도 걱정하지 않고 보고할 수 있는 체제나 조직 풍토를 만들어야 한다. 동시에 사고 심의회 등에서는 보고자나 사고자에게 비난이나 질책 등의 압박을 가하지 않고 자유롭게 이야기할 수 있는 분위기를 먼저 만들 필요가 있다. 이리하여 자기방어적인 태도가 어느 정도 해소된 뒤, 사실에 근거해 실수나 사고 원인의 객관적 탐구를 시도하면 된다.

FEMA가 준 가르침

1999년 9월, 미국 FEMA(Federal Emergency Management Agency, 미국 연방 재난관리청)는 미국 남부를 강타한 거대 허리케인에 멋지게 대응해 많은 인명을 구했다. 미국은 1979년 3월 스리마일 섬 원전 사고 당시 제대로 대응하지 못했던 과거를 교훈 삼아 구호복구국과 연방보건국 등을 강화하고 피해경감국을 신설했다. 또 미국 남부의 각 주가 '위기관리국'을 유지하면서 연간 1,000만 달러의 예산을 갹출해 재해 발생 시 활용한다.

여기서 주목하고 싶은 것은 FEMA가 관료주의를 원천적으로 배제한 부분이다. 예를 들어 거대한 허리케인이나 지진이 발생하면 버스에 FEMA 이동 본부가 설치된다. 모든 지시는 구두로 이루어지며 그 즉시 실행된다. 서류 수속과 같은 작업이 필요하지 않다.

1995년 1월 발생한 한신(阪神) · 아와지(淡路) 대지진 때도 FEMA는 일본을 직접 방문해 일본 정부에 강력한 리더십을 요청했다. 하지만 이미 말한 바와 같이 JCO 핵연료 누출 사고, 우스 산(有珠山) 화산 폭발, 미야케 섬(三宅島) 앞바다 지진 등 사태에 대응하는 일본 정부는 매번 서투르기 짝이 없었다.

2001년에는 일본의 중앙 부처도 재편되어 종래 노동과 안전, 위생 관계를 총괄했던 노동성이 후생노동성으로, 원자력 관계를 총괄했던 통산성이 경제산업성으로, 자동차 · 철도 · 항공의 안전을 총괄했던 운수성이 국토교통성으로 개편되었다. 하지만 앞으로도 각 성과 내각부(재해 발생 시 방재 행정은 내각부에서 관장한다) 사이의 세력 다툼이 계속된다면 FEMA와 같은 구두 지시, 즉각 실행, 서류 수속 생략 등과 같은 기민함을 기대하지는 못할 것이다.

제2장

부하에 대해 얼마나 알고 있는가

표정에 유의하자

얼굴의 유형

근래 들어 사람 얼굴에 대한 연구가 활발히 이루어지고 있다. 인류학, 심리학, 생리학, 의학, 미술, 해부학, 화장학(化粧學), 컴퓨터 공학 관계자들이 모여 결성된 '일본얼굴학회'도 있다.

《일본인 얼굴》 등 얼굴에 관한 저서를 다수 발간한 야마사키 기요시(山崎淸) 박사는 정계와 재계의 인물, 작가, 운동선수 등 모두 4,300명에 달하는 유·무명인들의 얼굴 그림이 게재된 《얼굴 노트》[3]라는 책을 펴냈다. 기요시 박사는 집단마다 그 집단만의 특징

3) 미즈우미 서방 출간.

적인 얼굴이 있을 것이라 생각해, 얼굴 그림을 그리기 시작했다. 그렇게 얼굴의 집단성을 알고자 4만여 명의 얼굴을 분석하고 얼굴 그림을 모아 이 책에 실었다.

박사는 또 'XY 방식'이라는 독특한 얼굴 표현 방법을 고안하고 있다(상세한 내용은 원저를 참고 바란다). 간단하게 설명하면 얼굴 모양이나 살찌고 여윈 정도를 숫자로 표현하는 것이다. 이를 앞서 언급한 각종 집단에 적용했더니, 직업 집단에 따라 특색 있는 경향이 드러났다. 즉 정치가나 재계 인물은 살찐 얼굴(P형), 관료는 중간(A형), 대학교수는 여윈 얼굴(L형)이 많았다고 한다. 그리고 각각의 얼굴형은 조울질(순환 기질), 점착질, 분열질(분열성 기질) 등과 같은 저명한 체질 분류와도 부합한다고 주장하고 있다. 물론 얼굴이 여윈 정치가도 있고, 학자 중에는 살찐 얼굴을 가진 사람도 있다. 따라서 이런 분류법을 모든 사람에게 적용해 개인의 성격이나 적성을 결정하는 것은 성급하며 위험하다.

사실 내가 이 책에서 흥미를 가진 부분은 제3장에 나오는 표정 유형학 부분이었다. 이 장은 에르미안(M. Ermiane)의 《표정 심리학》 전 3권 일부를 초역해 소개한 것으로 '에르미안의 《표정 심리학》 초역'이라는 부제가 붙어 있다.

시선 처리

최근 필자의 연구실에서는 이상(異常) 상태에 처한 인간의 행동을 해명하는 연구와 더불어 환경 심리학에 관련된 여러 가지 문제를 연구 테마로 몇 종류의 실험을 하고 있다. 그 가운데 몇 가지를 소개해보자면 대인 접촉, 시선 처리와 관련된 문제가 있다. 이는 공공 공간에서 개개인의 프라이버시를 유지하기 위해 타인의 시선을 피하고 자신의 공간을 유지하려는 행동에 대한 연구이다.

종래 정신의학 분야에서는 조현병 환자가 자리에 앉을 때 건강한 사람과 다른 독특한 경향을 가지고 있다는 사실이 국내외 여러 연구를 통해 알려졌다. 분열증 환자는 의사와 대화할 때 의사와 시선을 맞추지 않고 그 주변부에 시선을 두는 경향이 강하다. 또 표정이 다양하지 않고, 얼굴을 항상 숙이고 있다거나, 시선이 움직이지 않는다거나, 혹은 외부의 자극에도 반응하지 않는 등 분열증의 징후를 보인다. 표정 심리학에서도 이와 같은 경향에 대해 다룬다. 분열증 환자뿐 아니라 억압 증상이 강한 사람, 내향적인 사람은 시선이 옆이나 아래로 고정되어 상대의 얼굴을 보지 않는다. 항상 '눈을 다른 곳으로 돌리는' 경향이 강하다. 이에 반해 외향성을 띄는 사람의 경우에는 시선이 수평으로 전방을 향하고, 주의를 기울이는 시선도 강렬하며 환경과의 접촉이 활동적이라고 한다. 이처럼 성격과 시선의 움직임이 관련 있으며, 표정과 성격 유형에 대해 고찰하는 것이 에르미안의 연구 특징이다.

인간의 성격을 외향성과 내향성, 조울성과 분열성 등 어느 하나의 유형으로 결정지으려는 이론을 유형론이라 한다. 그러나 현재의 심리학에서 유형론은 그다지 환영받지 못한다. 왜냐하면 인간의 성격은 간단하고 단순하지 않아 어떤 단일한 유형에 꼭 맞지 않는다. 또 이 이론에서는 인간과 환경의 상호 관계를 경시한다. 이뿐만 아니라 성격 형성에 미치는 사회 문화적 요인을 전혀 고려하지 않는다. 하지만 사용이 편리하고, 상식처럼 통용되며, 이해하기 쉬운 용어를 사용한다는 등의 이유로 많은 공감과 지지를 받는 것도 사실이다. 여기서는 용어 검토는 차치하고 종래와 같은 외향, 내향의 개념을 사용하기로 한다.

에르미안의 네 가지 성격 유형

에르미안의 이야기로 돌아가자. 그는 인간의 성격을 네 가지로 분류했다.

① 적극형: 환경과의 접촉이 강한 외향성. 활동적이고 행동적이

며 모든 것에 흥미와 관심을 나타내는 유형이다.

② 소극형: 외향성이지만 소극적이다. 모든 것을 선의로 해석하고 놀기 좋아하며 변덕이 심하다.

③ 저지(沮止)형: 내향성으로 주위와 접촉을 유지하기 어렵다. 모든 일을 과장해 생각하기 쉽고 고집이 세며, 가끔 편협하거나 비굴하기도 하다.

④ 고립형: 강한 내향성이며 주위 상황에 항상 불일치한다. 모든 것을 반대로 해석하고 반항하며 트집을 잡는다.

그리고 각각의 유형에서는 독특한 고유의 표정을 발견할 수 있다고 한다. 즉 적극형 표정은 눈을 자주 깜박이며 시선은 수평이며 전방을 향한다. 소극형의 표정은 '유쾌함'을 나타내고 시선은 수평과 전방으로 향하지만 눈을 자주 깜박거리지는 않는다. 저지형의 표정은 각종 힘줄의 수축된 상태이며, 시선은 수평보다 약간 아래쪽으로 고정되기 쉽다. 고립형은 허세를 부리고 어깨를 으쓱거리며 애정에 굶주려 있다. 시선은 저지형과 마찬가지로 아래쪽이나 옆쪽으로 고정되기 쉽다.

에르미안의 이론은 단순하고 아주 명쾌하다. 모든 사람이 이 네 가지 유형에 꼭 들이맞는다면 시선 방향이니 표정만으로 한 사람의 성격을 알 수 있을 것이다. 그러나 이 이론을 주장한 에르미안도 언급하였듯이 이 네 가지 유형은 어디까지나 기본적인 분류이고 모든 사람을 네 가지 유형 중 하나에 꼭 들어맞게 분류할 수 있는 것은 아니다.

통찰력을 기르자

이 이론을 길게 소개한 데는 사실 다른 의미가 있다. 우리는 주위 사람을 보고 있는 것 같지만 자세한 것까지 구석구석 관찰하지는 않는다. 대부분의 경우 자신의 부하 직원이 어떤 성격의 사람이냐는 질문에 대략적으로는 답할 수 있을 것이다. 예를 들면 외향적이라든가 내향적일 것이라는 등의 응답이 그것이다. 하지만 "직원 A의 시선은 보통 어디로 향하고 있는가?"라는 질문에 당장 대답할 수 있는 사람은 얼마나 있을까? 눈에 띄게 특색 있는 표정이 아니라면 쉽게 대답하지 못하는 것이 보통이다.

성격과 표정을 바로 결부시켜 생각하라고 말하고 싶은 것은 아니다. 단지 직장에서 함께 일하는 동료나 부하 직원들의 표정에 신경을 썼으면 하는 것이 나의 바람이다. 조례할 때 인사와 작업 지시 전달만으로 감독자나 관리자의 임무가 끝이라고 생각하면 큰 잘못이다. 안전모의 그늘에 가려 직원들의 얼굴이나 표정을 알아보기 어렵다는 것은 변명이다. 표정은 시시각각 변화하므로 포착하기 어렵다. 하지만 주의 깊게 관찰하면 미묘한 표정 차이와 변화도 포착할 수 있다. 많은 근육이 동시에 강하게 자주 수축하는 표정을 '풍부한 표정'이라고 한다. 문제는 아주 적은 수의 근육이 드물게 수축하는 '빈약한 표정'이다. 관리자라면 후자의 표정을 찾아내는 통찰력을 기르는 것이 바람직하다.

안색이 나쁜 사람에게 말을 걸자

색깔과 감정의 관계

앞서 표정과 성격의 관련성에 대해 이야기하며 표정에 신경 쓰자고 했다. 표정은 생리적 상태를 반영하는 동시에 정신 상태를 단적으로 표현한다. 풍부한 표정은 사회생활이나 직장에서의 인간관계에 잘 적응하고 있다는 증거이며, 주름지고 괴로운 표정은 육체적, 정신적으로 고통이나 문제가 많음을 나타낸다.

의학적 진단을 내릴 때도 안색이나 표정으로 질병 유무나 그 정도를 추정한다. 우리 역시 안색 변화를 통해 몸의 변화를 알 수 있다. 열이 나면 얼굴이 붉어지고 황달이 있다면 얼굴색은 누렇게 된다. 철야를 했거나 숙취가 있는 날 아침 얼굴이 부석부석한 것을 체험한 사람도 많을 것이다.

생리학적으로 보면 말초의 혈액 흐름이 활발해지거나 아트로핀(atropine), 안티피린(antipyrine) 등 약물의 영향이나 식중독, 뇌내출혈(뇌출혈) 등이 있으면 얼굴이 붉어진다. 이런 생리학적 특징의 표출과 더불어 얼굴은 마음의 움직임을 나타내는 간판이라고도 할 수 있다. 우리는 또 '안색이 바뀌었다', '얼굴이 붉어진다', '얼굴이 파래진다' 등의 표현을 일상적으로 사용한다. 이런 표현들은 한결같이 감정을 색으로 나타낸다. 이는 색깔이 지니는 생리 · 심리적 작용이나 연상의 힘을 고려한 것이다. 실제로 색깔은 감정과 밀접한 관련이 있다. 붉은색과 복숭아색 등 따뜻한 색 계열은 감정을 흥분시키고 발산시키는 효과가 있다. 푸른색이나 하늘색 등 차가운 색 계열은 감정을 진정시키고 긴장시키는 작용을 한다. 붉은색이나 분홍색은 러브호텔의 침실 벽지로는 어울릴지 모르지만, 사무실이나 응접실, 서재에는 부적합하다.

기질 이론과 인간 행동

젊음을 표현할 때 흔히 '혈기가 왕성하다'는 말을 사용한다. 또는 냉혹하고 인정 없는 사람을 '피도 눈물도 없다'고 표현한다. 당연한 얘기지만 인체를 해부해도 젊은이가 나이 많은 사람보다 혈액량이 많다는 사실을 입증할 수는 없다. 마찬가지로 냉담한 사람이라고 혈액이 없을 수도 없다. 하지만 이런 표현들이 꽤나 그럴싸하게 들리는 것도 사실이다.

옛날 사람들 역시 이와 같은 생각을 했다. 2세기 무렵 갈레노스(Galenos, ?129~?199)는 기질 이론(기질설)을 주창했다. 인간에게는 혈액, 쓸개즙(담즙), 흑담즙, 점액 등 4종의 체액이 있는데 그중 어느 것이 우세하냐에 따라 다혈질, 담즙질, 우울질, 점액질의 네 가지 성격이 나타난다는 것이다. 이 네 종류의 성격은 일본에서는 양기, 단기(短氣), 음기, 평기(平氣)라고 번역되어 일상생활에서도 자주 사용하는 개념이다. 물론 이 주장 자체는 현대의 과학 지식으로는 받아들이기 어렵다. 하지만 이 이론은 인간 행동을 설명하는 개념으로 자주 사용되며, 주위 사람에게 꼭 들어맞는 경우가 많다.

예컨대 양기가 많은 사람은 수다쟁이로 사교적(적극형, 외향성)이다. 반면 음기가 많은 사람은 과묵하고 남의 비판을 의식하며 폐쇄적(저지형이나 고립형, 내향성)이다. 수다쟁이라는 말은 그 사람의 마음속 생각, 즉 의식을 밖으로 드러낸다는 것이다. 어떤 사람의 이야기를 통해 우리는 그의 심리 상태를 알 수 있다. 그러나 아무 이야기도 하지 않는 사람의 마음은 알 도리가 없다. 직접 말하지 않으면 다른 수단을 통해 알아볼 수밖에 없다. 그 가운데 하나가 자신의 심경을 적도록 하는 것이다. 편지나 일기 등에 당시 자신의 마음을 반영하는 경우가 있기 때문에 그를 통해 미루어 짐작해 본다. 하지만 일반적인 문장이라면 보는 사람을 의식해 일부를 과장하거나 포장할 수도 있기 때문에 내용을 전적으로 신뢰할 수 없는 경우가 있다. 그리고 무엇보다 가장 곤란한 점은 펜을 잡는 일 자체가 성가시기 때문에 글쓰기 습관이 없는 사람에게는 고통일 수 있다.

안색과 불안전 행위

글이나 말로 심리 상태를 짐작하기 어려울 때는 상대방의 안색을 관찰한다. 여러 번 지적했다시피 표정이나 안색은 생리적 특징, 심리적 특질을 반영한다. 고민이나 걱정거리가 커지거나 강해지면 의식이 그쪽으로 기울어지므로 멍하니 생각하는 듯한 백일몽이나, 의식이 딴 곳으로 겉도는 현상이 발생한다. 이른바 불안전 행위의 첫걸음이다. 그와 더불어 표정도 음울해지고 안색도 어두워진다. 특히 고립형, 내향성 사람에게는 이런 특징이 뚜렷해진다.

평소에도 그다지 이야기를 하지 않는 이런 유형의 사람은 점점 입을 닫아버린다. 자신의 기분을 밖으로 드러내지 않고 혼자 생각에 빠져든다. '일점 집중 현상'[4]이라는 이 상태는 안전 관리 면에서 보더라도 위험하다. 자신의 생각에만 지나치게 주의가 집중되므로 다른 것에는 주의를 기울이지 않게 된다. 정보를 잘못 파악하고 경보를 잘 못 듣거나 기계를 오동작하는 등의 에러는 이런 상태에서 나오기 쉽다.

일점 집중 현상은 또한 개인의 불안전 행동에 머물지 않는 경우가 있다. 평소에도 의사소통이 제대로 이루어지지 않는 내향성 사람이 폐쇄적인 경향이 강해지면 마치 조개가 껍데기를 닫은 것처럼 되어버린다. 그래서 연락이나 보고가 누락되어 문제를 일으킨다. 그리고 이런 사람은 신호를 보내거나 다른 사람들과 공동으로 수행해야 하는 동작의 타이밍을 제대로 맞추지 못한다. 말해야 하는 것이나 주의해야 할 것을 깜빡 잊기도 한다. 특히 여러 사람이 협력하지 않으면 안 되는 공동 작업에 영향을 미쳐서 동료에게 부상을 입힌다는 보고도 있다.

4) 긴급 이상 사태 직면 시 순간적으로 의식이 한쪽 방향으로만 쏠리는 의식 과잉 현상

대화 시도

"저 사람은 과묵하니까 내버려두자. 말을 걸면 오히려 더 나빠질 것 같아."

이런 엉뚱한 배려나 소극적인 태도는 관리, 감독자나 안전 담당자에게는 금물이다. 과묵하고 내향적인 사람도 사소한 계기로 혹은 말을 걸기만 해도 이야기를 시작할 수 있다. 그리고 그렇게 말함으로써 가슴속 응어리를 풀 수 있다. 만약 상대가 병에 걸려 있다면 조기에 대응해 중증으로 발전하지 않도록 도울 수도 있다.

정신적 문제로 괴로워하고 있는 사람을 치료했던 임상 의사 프로이트(Freud, 1856~1939)는 환자에게 말을 시키거나 꿈을 이야기하게 하고 열심히 들어 주는 것이 최대의 치료법이었다고 한다. 사소한 것이나 작은 일이라도 좋다. 상대방이 하는 이야기를 통해 그 마음속을 알 수 있으니 가능한 한 말을 걸도록 한다.

안색이 나쁜 사람, 음울한 표정을 짓고 있는 사람, 내향성에 과묵한 사람을 보았다면 관리, 감독자나 안전 담당자는 적극적으로 말을 걸고 이야기를 시작해보자. 하지만 형식적, 의례적으로 말을 걸면 상대방은 오히려 경계하게 된다. 그렇다면 어떻게 말을 걸어야 할까. 이제부터 그 방법을 검토해보기로 하자.

부하가 잘하는 일을 살피자

자기방어

앞서 안색이 나쁜 부하나 표정이 밝지 못한 사람에게 말을 걸어야 한다고 했다. 하지만 단지 말을 거는 데 그쳐서는 안 된다. 실수가 잦아 염려스러운 부분이 많은 부하를 상사가 부른 경우, 실수를 줄이려는 상사의 마음을 부하가 그대로 받아들이기는 힘들다. 따라서 상사에게 불려간 부하는 자신의 실수를 문제 삼을까 봐 방어적 태도를 가지게 된다.

이런 자기방어적 태도를 취한 부하를 추궁하면 상대방은 더욱 폐쇄적이 되고, 본심을 드러내지 않는다. 이렇게 되면 상사 입장에서는 면담이 효과 없는 듯해 애가 탄다. 그래서 공격적으로 변하게 되고, 대화 결렬 상태가 된다.

이야기할 분위기가 조성되지 않거나, 서로 친밀하지 않으면 "생각하는 것은 다 말해. 말하는 것은 모두 들어줄 테니까."이라는 말을 들어도, 가벼운 마음으로 이야기하지 못한다.

정보 수집

경력이 많은 면접자나 우수한 영업자는 면담하고 있는 상대방의 특징이나 고객의 버릇, 취미, 가정환경 등을 충분히 조사한 뒤 대화를 시작한다. 이것은 앞서 말한 분위기 조성과 밀접한 관계가 있는 중요한 일이다.

사람은 누구나 자신이 잘하거나 관심 있는 것에 대해 이야기하는 상대에게 호감을 가지게 된다. 자존심이 북돋워지거나 사회적으로 인정받았다는 느낌을 갖는 것이다. 이처럼 상대가 나에 대해 관심이 있다고 생각하게 만들면 적대심이나 반감을 품는 경우가 드물다. 인간은 자신의 생각과 반대되는 경향을 가진 사람은 피하고, 관심을 기울이지 않는 사람에게는 무관심해지고 소극적 태도를 가진다.

하지만 자신에게 아군 혹은 동료로서 관심을 기울인다고 생각하는 사람과는 적극적으로 가까워진다.

우리는 일상생활에서 같은 이야기를 하더라도 듣는 사람이 호의적 태도를 보이면 더 이야기하기 쉬워지는 것을 이미 체험한 바 있다. 상대방이 호감을 가지게 하려면 어떻게 하면 좋을까?

우선 상대방이 잘하는 것이나 관심을 기울이는 것, 즐겨 하는 것이나 취미 등을 가능한 한 광범위하게 조사해둘 필요가 있다. 관리해야 할 부하 직원이 많은 경우 세세한 것까지 일일이 조사할 수 없다는 반론이 나올지도 모르겠다. 하지만 그런 사람은 아직 노력이 부족하다고 말하고 싶다. 점심시간의 행동이나 그 시간을 보내는 방법, 휴식 시간 중의 대화, 회의나 간담회 등을 할 때 부하가 잘하는 것을 관찰하는 방법도 있다.

내가 아는 어느 회사의 과장은 인사이동으로 새로운 직장에 왔을 때 부하 직원들의 출신지를 묻고 수첩에 적어두었다고 한다. 연하장이나 카드 등을 받으면 그들의 아내나 가족 이름을 인명록에 추가해두었다. 그리고 이렇게 수집한 정보들을 충분히 활용한다. 어떤 사람이든 고향이나 가족이 화제가 되면 쉽게 입을 연다. 부드러운 분위기가 조성되었을 때 본인의 취미 등을 물으면 거리낌 없이 이야기해준다. "여러 해에 걸친 내 경험으로 알아낸 원활한 인간관계 유지의 기술"이라고 그 과장이 말하는 것을 들은 적이 있다. 과연 부하, 동료, 상사로부터 좋은 평판이 자자한 관리자다웠다.

상대방에 대한 정보나 지식을 모을 시간적 여유가 없어 수집이 불가능할 때는 전통적인 의사소통 기술을 사용하면 된다. 그 첫째는 일상적인 인사나 날씨에 대한 이야기를 꺼내는 것이다. "안녕하세요."나 "오늘 날씨가 덥네요."라는 말에 "뭐야!"처럼 대꾸하는 사람은 없다. 인간관계를 조금이나마 부드럽게 하려는 의도가 드러난 이런 대화는 효과가 좋다.

일본인은 날씨 이야기를 너무 많이 한다는 사람도 있다. 확실히 그럴지도 모른다. 초지일관 날씨에 대해서만 이야기하면 안 되겠지만 대화의 도입부라면 무리가 아니다. 오히려 적극적으로 활용해야 할 것이다. 특히 입이 무거운 내향적 성격의 사람에게는 날씨 이야기로 인사를 시작하면 그 뒤의 이야기가 연결되어 나오기 쉽다.

신뢰 쌓기

실수를 저지른 부하 직원과 면담해야 하는 관리자의 상황으로 돌아가보자. 느닷없이 "이야기해보시오."라고 하더라도 이야기할 분위기가 만들어지지 않았거나 평소 친분이 없으면 가벼운 기분으로 이야기할 수 없다고 했다.

상대방에게 이야기를 시키기 위해서는 관리 · 감독자나 안전 담당자가 좋은 분위기를 만들지 않으면 안 된다.

문제의 핵심에 단도직입적으로 들어가는 것은 좋은 방법이라 할 수 없다. 서로 이야기를 시작할 때 사교적인 화제를 꺼내든가(그러나 평소에 이런 이야기를 하지 않는 사람이 갑자기 이를 끌어내면 부자연스럽다), 상대방이 잘하는 것이나 관심 있는 화제를 골라 형식적이라 느끼지 않도록 최대한 자연스럽게 이야기를 꺼내면 된다. 또 이야기가 제3자에게 누설되거나, 개인의 비밀이 다른 사람에게 알려지면 진심을 이야기하기 어려워진다. 따라서 이야기하는 장소도 배려하지 않으면 안 된다. 마지막으로 이야기의 타이밍도 중요하다. 식사하러 가기 직전이나 퇴근 준비를 하고 있을 때 갑자기 이야기하자고 하면 몸 상태나 마음 모두 여유가 없으므로 면담 효과는 올라가지 않는다.

이상은 모두 면담에서 상대방에게 방어 태세를 취할 틈을 주지 않고 기분 좋게 이야기시키는 상황으로 만들어가는 방법이다. 이야기하는 사람과 듣는 사람이 융화되고 친근감을 쌓을 수 있도록 배려하는 것이다. 이런 준비를 바탕으로 신뢰가 쌓인다. 친근감과 신뢰는 어떤 대화에서든 성패를 좌우하는 기본 요건이 된다.

지위가 높을수록 먼저 인사하면서 말을 건다. 동시에 부하 직원이 어떤 것에 흥미와 관심이 있는지 호기심을 가지고 탐색해나가는 노력을 게을리 해서는 안 된다.

입가를 보면서 이야기를 듣자

활발한 일본인론

조용한 일본인, 수동적인 일본인, 집단성이 강한 일본인 등, 일본인에 대한 일종의 고정관념은 현재까지도 사회 곳곳에 그 뿌리를 매우 깊게 내리고 있다. '일본인의 특질은?' '일본인을 외국인과 비교하면?' '재검토되고 있는 일본 노무 관리의 특징!' 'TQC[5]의 역수출!' 등의 자극적인 제목이 신문이나 잡지의 지면을 장식하는 것을 보면 알 수 있다. 또 소위 이런 '일본인론'이 왜 계속 이어지는지 그 이유를 해설하는 책도 나오고 있을 정도이다. 그러니 일본인

5) total quality control, 전사적 품질관리운동

론은 당분간 계속된다고 보아도 무방하다. 여기서 일본인론이 옳다 그르다 이야기하려는 것은 아니다. 그보다도 일본에서 전해 내려오는 전통적인 가르침이나 예법을 재검토해 활용할 수 있는 것은 수용하자는 의미다.

일본인론 가운데 국내외 연구자들이 공통적으로 지적하는 것 중 하나가 바로 대화할 때의 시선 처리 문제이다. 일본인은 대화 시 상대방의 눈을 보지 않는다. 눈을 마주쳐도 바로 다른 곳을 본다는 말이다. 하지만 서구인들은 상대방의 눈을 지그시 보면서 이야기를 하거나 남의 이야기를 듣는다. 유럽으로 여행을 간 일본인이 전차, 우체국, 은행, 호텔 등에서 느낀 강렬한 시선 때문에 난처했던 경험은 이미 수없이 보고되었다. 이런 행동의 차이는 그 나라의 문화적 기반이나 교육의 차이에서 생긴다. 프랑스 등에서는 자식이 일정한 연령에 이르면 아버지가 대화할 때의 예절을 엄하게 가르친다고 한다. 상대방의 눈을 보면서 이야기하도록 가르치는 것이다.

하지만 일본에서는 어떤가? 일정한 연령에 이르면 좋은 학교나 진학률이 높은 학교에 합격하는 것을 목표로 자식들을 공부시키는 데 몰두한다. 예로부터 일본에서는 상대방의 눈을 직시하면서 이야기를 할 수 있는 사람은 기진(貴人), 쇼군(將軍), 다이묘(大名) 들뿐이었다. 아랫사람은 "고개를 들라."는 소리를 들은 후에야 겨우 얼굴을 조금씩 들 수 있었다. 하지만 그때도 윗사람의 눈을 직시하는 것은 무례라 하여 눈을 내리뜨는 것만 허용되었다. 이런 전통과 교육에 익숙해진 민족이 상대방과 시선을 주고받는 일이 없었던 것은 어찌 보면 당연하다.

경청 시 태도

남 앞에서 이야기해본 적 있는 사람이라면 알고 있겠지만, 이야기하는 사람은 듣는 사람의 태도가 좋을 때 더 의욕이 생긴다. 좋은 태도란 그냥 잠자코 듣고 있는 것이 아니라(청중이 무표정하게 입을 닫고 있으면 연사는 지치고 만다), 가끔 고개를 끄덕이거나 생긋 웃음을 짓거나, 메모하는 등의 경우를 말한다. 이런 반응은 말하는 사람에게 자신의 이야기가 상대방에게 전해지고 있으며, 그것이 받아들여지고 있다는 확신을 준다. 따라서 안심하고 다음 이야기를 적극적으로 하고 싶은 의욕을 불러일으킨다. 그러므로 듣는 사람은 성의 있게 맞장구치거나 고개를 끄덕이는 행동 등을 되풀이해 지속적으로 듣고 있다는 사실을 알릴 필요가 있다.

하지만 일본인은 이런 태도를 보이는 것도 서투르며, 남성의 경우 그 경향이 특히 강하다. 이런 경향은 관리자나 감독자, 안전 담당자에게서는 더욱 현저히 드러난다.

'젊은 사람이든 부하 직원이든, 내가 왜 그들의 이야기를 진지하게 들어야 하지?' 이와 같은 무시하는 태도나 깔보는 듯한 표정이나 자세를 취하거나 혹은 시선을 움직이지 않고 그저 상대방의 눈을 지그시 쳐다보기도 한다.

시선의 의미

M. 아가일(Argyle)이라는 영국의 심리학자는 시선에 관한 수많은 실험을 진행해 여러 가지 흥미 있는 사실을 발견했다. 그 가운데 시선이 서로 부딪치는 시선 접촉의 역할을 다음과 같이 정리하고 있는데, 이 해석은 일본인에게도 꼭 들어맞는다.

① 단시간의 직시(흘끗 쳐다보거나 윙크한다): 자기 의지의 전달이나 호의적 감정 등을 의미하는 신호, 혹은 자기 의지가 어떻게 받아들여지거나 이해되는지의 확인 등을 나타낸다.

② 장시간의 직시(지그시 상대방의 눈을 계속 쳐다본다): 너와 친해지고 싶다, 성적 매력에 끌렸다 등의 감정 표명, 혹은 상대를 위협하고 혼내려는 공격적인 태도를 나타낸다.

이처럼 상대방을 지그시 쳐다보는 것은 예로부터 좋은 방법이 아니었다. 그렇다면 상대방과 시선을 마주치지 않고 상대방의 이야기를 진지하게 듣고 있다는 태도를 어떻게 나타내는 것이 좋을까? 이 질문에 일본인들은 교묘한 답을 제시한다.

재검토하고 싶은 오가사와라(小笠原)식 예의범절

현대 일본 예의범절의 원류 중 오가사와라식이라는 예법이 있다. 무로마치 막부의 3대 쇼군 아시카가 요시미쓰(足利義滿) 집권 시 오가사와라 나가히데(小笠原長秀)가 정한 것이다. 이 예법에는 대화할 때 눈을 어디에 두어야 하는지 그 위치가 정확히 정해져 있다. 상대방의 이야기를 진지하게 들을 경우 '눈높이 – 젖꼭지 높이 – 어깨높이'에 눈을 두라고 한다. 눈과 젖꼭지를 이은 세로선과 어깨의 가로선으로 둘러싸인 몸의 범위를 보고 있으면 틀림이 없다는 의미이다.

눈 · 젖꼭지 · 어깨로 둘러싸인 장소는 코, 입술, 입, 목 부근이다. 만약 누군가 내 코 부근을 지그시 보고 있다면 누구라도 코가 근질근질해질지도 모른다. 그래서 이 위치를 조금 내려 입가 부근을 보면 어떨까 하는 것이 바로 소제목을 이렇게 단 이유이다. 그러나 입가 부근이라도 이 부근을 지그시 보면서 상대방의 이야기를 듣다보면 정신적으로나 육체적으로 피로를 느낀다. 그래서 오가사와라식에서도 이 점을 고려해 조금 더 기분 좋게 상대방의 이야기를 듣고 있을 때의 시선 처리 방법을 알려 주고 있다.

느긋한 상태로 이야기를 주고받는 경우에는 눈을 둘 곳을 '이마 위치 · 배꼽 위치 · 어깨 폭보다 한 치 더'라고 범위를 넓혔다. 눈이었던 위치가 이마까지 올라갔고 젖꼭지는 배꼽까지 내려가 상하의 범위가 넓어졌다. 게다가 가로폭도 약간 넓어졌다. 이 범위 안에 들어가기만 하면 특정 부위를 정하지 않아도 된다. 이처럼 시선을 마주치지 않으면서 상대방의 이야기를 성의 있게 듣는 방법을 적극적으로 활용해보자.

안전 관리를 위해 적극적 청취나 상담 등을 요구하는 일이 늘고 있다. 상대방 입장이 되어 성의 있게 들을 때의 자세는 오가사와라식의 '눈높이 · 젖꼭지 높이 · 어깨 높이'의 예법과 마찬가지다. 조례나 TBM[6]에서의 대화, 또는 사고 심의회나 검토회에서의 토론, 관리자나 감독자가 부하와 면담하는 경우에 이런 방법을 실천에 옮길 수 있다.

예로부터 이야기를 잘하는 사람은 상대의 이야기를 잘 듣는다고

---

6) tool box meeting 일반적으로 적은 수의 인원이 작업 현장 부근에 모여서 하는 업무와 관련된 짧은 미팅

했다. 잘 듣는 사람은 상대방의 얼굴에서 시선을 떼지 않는 경우가 많다. 의례적인 맞장구는 반감을 불러일으키지만 성의를 다한 맞장구는 상대방의 신뢰감을 높인다. 몸짓을 섞고 상대방의 입가를 쳐다보면서 듣는 습관을 익히는 것이 좋다.

감추어진 소리를 들어보자

면담 시 위치 선정

정신분석학의 창시자 프로이트는 환자의 마음속 고뇌를 해소하는 데 자유연상법이나 꿈 해석을 사용했다. 자유연상법은 환자에게 단어나 숫자와 같은 외부 자극을 주고, 그로 인해 떠오르는 생각을 자유롭게 표현하도록 한다. 자유연상을 통해 환자가 의식적으로 생각을 선택하려는 의도를 제거하는 것이다. 이렇게 하면 마음속에 얽힌 정신적 응어리를 풀고 내면을 심층 분석하는 것이 가능하리라고 생각했기 때문이다. 처음에는 쉽게 연상하게 만들기 위해 단순한 단어나 수 등의 자극을 사용하였지만 추후 생각이 더욱 쉽게 떠오르게 하기 위한 다른 방법도 고안되었다. 환자를 편안한 소파에 눕히거나 환자의 등 뒤에서 이야기를 듣는 방법 등이다. 정면에 앉아 마주 보고 있으면 상대방은 기분 좋게 연상하거나 말을 할 수 없기 때문에 의자 모양이나 듣는 위치를 고려한 것이다. 이런 방법들은 화자의 긴장을 어느 정도 풀어 주기 위한 배려의 일종이다.

하지만 일상생활에서 면담이나 대화를 할 때는 이런 방법이 어울리지 않는다. 만약 누군가 우리의 등 뒤로 돌아가며 뭐라도 좋으니 이야기를 시작해보라고 하면 가벼운 기분으로 이야기할 수 있을까? 아마 못할 것이다. 갑작스러운 이런 행동은 후두부를 맞거나 등을 공격당하지 않을까 하는 불안이나 걱정을 불러일으킬 뿐이다. 따라서 우리가 이런 상황에서 할 수 있는 행동은 시선 처리이다. 상대방의 이야기를 진지하게 듣기 위해 시선의 위치를 변경하고 ('입가를 보면서 이야기를 듣자' 참조)나 시선이 부드럽게 교차하기 위한 90도 면담(면담자와 피면담자가 직각을 이루는 곳에 앉아 시선이 부딪치는 것을 피한다) 등이다.

이런 방법은 모두 이야기하는 사람을 편안하게 만들어 가능한 한 본심에서 우러나는 말을 할 수 있도록 하기 위한 방법이다. 말을 함으로써 불만이나 스트레스를 해소하게 만들려는 것이다.

카타르시스

프로이트가 정신분석학을 창시한 계기에는 여러 선구자나 선배의 연구가 영향을 미쳤다. 생리학자이자 개업 의사인 브로이어(Josef Breuer)도 그중 한 명이었다. 브로이어의 유명한 치료 사례 중 '소녀 안나'가 있다. 안나는 지적 장애로 인한 강직성 마비, 편두통, 언어장애 등 다채로운 증상이 있는 히스테리 환자였다. 브로이어는 최면 상태에서 환자가 했던 말을 반복해 들려주면서 그에 관한 기억을 회상해 이야기하게 했다. 이야기 뒤 환자는 마치 자신을 속박하던 주문이 깨진 듯 심리 상태가 정상으로 돌아갔다고 한다. 물론 이 상태도 잠시 계속되다가 다시 그 효과가 사라진다. 하지만 같은 방법을 되풀이하면 또 정상적인 상태로 돌아간다고 한다.

브로이어는 히스테리의 원인을 특정 대상에 대한 혐오 감정이라고 생각했다. 그는 최면 상태에서 마음속에 쌓인 감정들을 발산시키면 정상으로 돌아올 수 있다고 여겼다. 그래서 이런 요법을 담화 요법이나 굴뚝 소제 요법이라 불렀다. 또는 고통이나 번민을 말로 표현함으로써 그를 해소할 수 있다는 의미에서 카타르시스(catharsis, 정화)라고도 했다.

프로이트는 브로이어에게 카타르시스 요법을 배운 후 그대로 따라 하는 데 만족하지 않고 왜 이런 현상이 일어나는지를 이해하려고 했다. 여러 가지 시도를 한 뒤 프로이트는 최면술보다 더 유효하다고 판단되는 자유연상법을 열성적으로 전개했다.

여기서 카타르시스 요법과 자유연상법 중 어떤 방법이 좋은지 이야기하려는 것은 아니다. 다만 불평불만을 해소하거나 감정이 고조되는 것을 억제하는 효과를 언급하고자 한다. 적극적 경청법이나 대화, 카운슬링법 등은 모두 이 카타르시스 효과에 의한 것이다.

설문지 이용

분주한 현장에서 일하는 사람들이나 시간에 쫓기는 관리자와 감독자 등은 부하 직원과 대화나 면담을 하고 싶어도 시간을 내기 쉽지 않을 수 있다. 별도로 대화를 나눌 시간을 낼 수 없다는 것은 경영자의 자세나 노무관리의 존재 방식에 문제가 있다고 볼 수 있지만, 한발 물러나 그럴 수 있다고 치자. 그러면 조직원들의 카타르시스를 어떻게 도모해야 할까?

현장에서 일하는 사람 가운데는 말주변이 없거나 극단적으로 내향적인 성격 때문에 과묵한 사람도 있어 이야기를 나누는 것이 곤란한 경우도 있다. 또 감독자가 모든 부하 직원의 이야기를 듣기 어려울 때도 있을 것이다. 이런 때는 서로 이야기하는 것만이 최고의 방법이라고 할 수 없다. 따라서 조직원들의 소리를 들을 수 있는 다른 수단을 마련할 필요가 있다.

상대의 심리를 아는 방법은 표정이나 자세, 태도를 치밀하게 관찰하는 방법 외에는 언어를 살피는 것이 가장 유효하다. 언어는 그 사람의 의식을 표출하기 때문이다. 언어를 매개로 하는 소통 방법에는 구두로 하는 대화 외에 문서를 이용한 문답이 있다. 면담이나 직접 대화가 불가능하거나 거기서 얻은 정보가 부족할 때는 문서로 보충할 수 있다.

기록, 일기, 편지 등이 인간 행동을 이해하는 도구로 사용되어 온 것은 이 때문이다.

면담은 상대방의 표정이나 사용하는 어휘, 억양 등을 통해 이야기의 신뢰도를 확인할 수 있다. 대화는 상대에 따라 질문 방법이나 화법을 바꾸는 등 융통성을 발휘할 수 있지만, 이야기를 나누기 위한 별도의 시간과 장소가 필요하다. 또한 대화를 통해 대량으로 정보를 모을 수 없으며 면담자의 기량에 따라 얻을 수 있는 효과의 편차가 크다는 단점이 있다. 면담의 이런 결점을 보완하기 위해 질문지를 이용해 사람들의 의견이나 태도를 조사한다. 이해하기 힘들거나 서술형 질문지에는 저항이 생기지만, 'OX'와 같은 단순한 형식이라면 답하기 어렵지 않다.

설문조사를 탐탁지 않게 여기는 사람도 적지 않지만 아무리 간단한 것이라도 타당한 질문을 만들기 위해 연구했다면 신뢰도는 올라간다. 타당성 높은 질문과 신뢰도 높은 조사를 잘 검토하면 비교적 정확성이 높은 정보를 대량으로 얻을 수 있다.

안전 행동 조사 활용

일본의 중앙노동재해방지협회는 심리학과 의학 연구자 및 기업의 안전 관리 지도자로 구성된 연구회를 설치하고 수년간 '안전 성격 진단 시스템' 개발에 착수했다. 이 시스템은 직원의 성격과 태도, 행동 경향을 간편하게 진단하고 본인과 해당 기업에게 개별 컨설팅을 제공한다.

이 시스템은 여러 번 개량되어 1999년에는 11,884명을 모집단으로 해 표준화되었고, 2001년 《안전 행동 조사》로 일반에게 공개되었다. 이 설문지는 간편함을 최우선으로 내세운다. 일반 성격 검사나 성격 유형 진단 설문에서 볼 수 있는 전문적이거나 추상적인 내용을 최대한 피하고, 가능한 일상적인 행동과 경험을 다루며, 일상적인 어휘로 구성되어 있다. 이 설문조사의 특색은 다음과 같다.

① 누구나 경험할 수 있는 일반적인 에러에 대해 다룬다.

② 계층을 막론하고 누구라도 쉽게 답할 수 있는 '예', '아니오'의 이분법 응답 형식을 취하고 있다.

③ 에러 행동과 성격의 관계가 분명히 드러난다. 산만하고 감정 기복이 심한 사람이 사고를 일으키기 쉽다는 연구는 많다. 이 설문을 통해 당사자의 에러 발생 경향과 성격 양면을 살필 수 있으므로 성격과 에러의 관계 파악이 가능하다.

④ 1만 명 이상의 대상자를 기초로 표준화되어 있으므로 자신의 특징을 일본인의 일반 경향과 대비할 수 있다.

⑤ 응답이 적절한지 확인할 수 있는 '신용 척도'를 포함한다. 사람은 의식적 또는 무의식적으로 자신을 포장하려는 경향 때문에 왜곡된 답을 하는 경우가 있다. 신용 척도를 통해 이 경향을 점검할 수 있다.

이 설문의 견본이나 활용법은 중앙노동재해방지협회 편저 《신 산업 안전 핸드북》(2000년 3월) 중에서 마사다 와타루(正田亙)가 저술한 〈안전 행동 조사〉 항목을 참조하면 된다. 설문지는 중앙노동재해방지협회 기술지원부 관리개선과에서 배포하고 있다.

제3장

이런 리더를 기대한다

MP형 리더십을 발휘하자

눈 속의 강행군

예전의 일이긴 하지만 영화 〈핫코단 산(八甲田山)〉의 일본 내 반응이 엄청나게 좋았다. 니타 지로(新田次郎)의 소설 《핫코단 산-죽음의 방황》을 하시모토 시노부(橋本忍)가 각색하고 모리타니 시로(森谷司郎)가 감독하여 3년에 걸쳐 제작한 대작이다. 이 영화가 상영되고 나서 각 기업의 교육 담당자가 영화 대본이나 원저를 구하느라 분주했다고 한다. 리더십 교재로 안성맞춤이었기 때문이다.

추위란 무엇이며, 눈이란 대체 무엇인가. 장비와 훈련 모두 부족했던 일본군은 노일전쟁 개전을 앞두고 러시아의 추위에 대비하기 위해 한겨울 핫코단 산 행군을 기획한다. 그리고 이 훈련에서 도쿠시마(德島)와 간다(神田)(이상은 원작 소설이 아닌 영화에 등장하는 이름이다) 두 그룹의 명암이 부각되었다. 먼저 훈련을 잘 수행한 도쿠시마 그룹은 27명의 대원으로 편제되었다. 행군 계획은 모두 대장인 도쿠시마가 세웠다. 대원들은 눈에 익숙한 강건한 자, 지리를 잘 알고 있는 안내인을 선두에 세우고 추위를 견디는 훈련을 하며 성공적으로 행군을 마친다. 다른 한편인 간다 그룹은 소수 정예로 소대를 편성하겠다는 간다 대위의 제안이 받아들여지지 않아 총 인원이 210명에 달하는 대부대가 되었다. 안내인도 간다보다 계급이 높은 대대장이 거절하였고, 지휘권 역시 어느새 대대장에게로 옮겨갔다. 설상가상 일본 기상 역사상 기록적으로 낮은 온도를 동반한 악천후가 간다 그룹을 덮친다. 이들은 밤이 아닌데도 방향을 잃고 헤맸으며, 실성한 채 죽는 사람도 속출했다. 전체 부대원 210명 중 생존자는 대대장을 포함한 12명이 고작이었다. 그리고 대대장은 이 참혹한 결과에 자신의 책임을 느끼고 아오모리의 병원에서 권총으로 자살한다.

실제 영화의 내용 자체는 극히 단순하다. 바로 대자연 속에 무력한 인간의 모습과 더불어 인간이 자연과 어떻게 관계 맺어야 하는지를 보여주는 것이 전부다. 하지만 그 안에서도 또 인간관계나 리더의 고충이 훌륭하게 묘사되어 있다. 따라서 이 영화는 안전 관리 측면에서도 커다란 교훈을 제시했다고 볼 수 있다.

지휘권 차이가 불러온 결과의 차이

두 그룹의 성공과 실패를 가른 차이는 부대의 규모는 물론이거니와 리더십에서도 찾아볼 수 있다. 아오모리에서 태어나 겨울 산에서 행군한 경험이 있던 소대원들은 겨울 산을 두려워했다. 따라서 충분한 준비를 갖추고 정예를 선발해 대자연과 화합하며 일정을 추진했다. 또 리더의 지휘 아래 일사불란한 팀워크를 유지했기 때문에 무사 귀환할 수 있었다. 이에 비해 자신의 상관에게만 충성했던 간다 대위는 자신이 제시한 계획을 거부당하고, 수행하게 된 대대장에게 지휘권마저 빼앗긴다. 그 결과 부하 통솔은 생각지도 못하고 눈 위에 쓰러진다.

공식적으로 조직의 관리 원칙에 권한 이양, 책임과 권한의 일치, 지시와 명령 계통의 통일 원칙 등이 포함되어 있음은 말할 것도 없다. 권한을 위임받은 자가 그 권한의 일부를 다시 부하 직원에게 이양할 것, 권한과 책임이 대응할 것, 한 명의 부하 직원에게는 한 명의 감독자가 직접 명령할 것 등이 그 내용이다. 이 원칙이 잘 지켜지고 유지되는 조직일수록 능률과 사기가 올라간다.

상사의 간섭에 불만이 있으면서도 그의 명령을 충실히 이행하려 했던 간다 대장은 딜레마에 휩싸였다. 그리고 체면을 중시하고 상황을 제대로 파악하지 못하는 대대장의 분신은 어느 조직에나 존재한다. 대대장은 바로 능률과 생산성 향상에만 급급한 관리자의 일반적인 모습이다.

대대장의 월권행위를 예상한 연대장은 지휘권이 대대장에게로 옮겨가지 않도록 미리 조치해 두었지만 현장에서 간다 대위가 리더십을 발휘하기는 아무래도 불가능했다. 동사로 대부분의 부대원을 잃은 간다는 상사의 간섭으로 자신만의 리더십을 발휘하지 못하고 눈물을 삼키는 수밖에 없었다.

PM 이론

군대뿐만 아니라 어떤 조직에서든 리더의 지휘는 부하 직원의 생명까지 좌우하므로 통솔자의 행동은 매우 중요하다. 어떤 리더십이 더욱 효과적인지는 국내외에서 수없이 연구되고 있다. 그 가운데 '2요인설'은 리더십에서 특히 '체제 만들기'와 '배려' 두 가지를 중요시한다. 체제 만들기란 집단 활동의 방향을 설정하기 위한 적극적 역할이다. 의사소통을 촉진하거나 일의 순서를 명확하게 하는 것 등이 포함된다. 배려란 리더가 부하 직원과 친해져 상호 신뢰 관계를 수립하며, 부하의 말에 귀를 기울이려고 하는 인간적 배려의 측면을 나타낸다. 〈핫코단 산〉에서 200여 명을 조난으로 몰아간 간접 요인은 기록적인 악천후로 볼 수 있다. 하지만 체제 만들기와 배려의 두 기능이 없는 대대장의 리더십이 직접 원인이었음은 부정할 수 없다.

일본에서 가장 유명한 리더십 연구는 PM 이론이다. 미스미 지부지(三隅二不二) 교수가 개발한 것으로, 리더십의 기능을 목표 달성(Performance)과 집단 유지(Maintenance)의 양면으로 분류한다. P기능은 2요인설로 보면 체제 만들기에 해당한다. 감독자가 부하 직원에게 새로운 아이디어를 보여주거나 직무의 역할, 권한을 명확히 한다. M기능은 인간관계에서 생긴 불필요한 긴장을 해소하며 격려와 지지를 보내고, 소수자에게 발언 기회를 주는 배려의 기능에 해당한다.

관리자나 감독자가 이런 두 기능을 어느 정도 발휘하고 있는지 조사하려면 직속 부하에게 직접 물어보는 것이 가장 좋다. 이를 알아보기 위한 측정표가 있다. P와 M 각각 10항목의 질문에 5단계로 대답할 수 있다. 측정값은 조사한 대상 집단의 평균값을 기준으로 분류되며, 기본적으로는 PM, Pm, Mp, pm 네 가지 유형으로 분류할 수 있다. 최근에는 이 네 유형이 다시 네 가지씩 세분화되어 전부 16개 리더십 스타일로 분류할 수 있게 되었다. 예컨대 PM형을 넷으로 분류할 수 있으므로 PM의 PM, PM의 Pm, PM의 Mp, PM의 pm 등으로 표시할 수 있다. 하지만 이 16가지 분류 유형을 모두 살펴보자면 복잡하기 때문에 여기서는 가장 기본적인 네 가지 분류법으로 이야기를 진행하고자 한다.

MP형 리더십

바람직한 리더십 유형은 구성원의 성격이나 집단이 처해 있는 상황에 따라 변한다. 어떤 상황에서는 효과적인 리더십도 다른 상황에서는 효과가 거의 없을 수 있다. 그러나 직원 규모, 업종의 차이에 상관없이 일반적으로 적합한 리더십은 PM형이다. 이 유형은 목표 달성 기능과 집단 유지 기능 두 가지가 모두 충분하다고 평가된 관리자와 감독자이다.

수많은 실증적 조사 자료에서도 이 PM형 리더십이 성과를 거두고 있음이 보고되고 있다. 탄광처럼 솔선수범형, 진두지휘형 같은 Pm형이 바람직하리라 생각되는 직장에서조차 PM형 감독자가 두드러졌다.

안전 관리 면에서 바람직한 리더십은 어떤 것일까? 나 역시 PM형이 좋다고 생각하지만 이번에는 이 유형을 조금 바꾸어 제안해 보고 싶다. 즉 MP형 리더십을 추천한다. 여기서 말하는 MP란 PM이론에서 말하는 P기능, M기능의 대문자를 의미한다. 단지 글자 순서를 바꾼 것뿐 아니냐고 생각할지도 모르지만 그렇지 않다. 이 순서를 바꾸는 진정한 의미는 이렇다. PM형 리더십을 발휘하고 있는 관리자와 감독자의 행동을 자세히 살펴보면 P기능이 우선하고 M기능은 이를 보조하기 위해 부수적으로 붙어 있는 형태가 대부분이다.

하지만 본래는 이것이 반대로 되어야 한다. 남성을 중심으로 한 조직, 소음 환경 아래에서의 집단 작업, 시간이나 일정이 쫓기는 작업, 세세한 절차나 점검, 확인이 필요한 일에서는 아무래도 P적 요소가 커지며 또 그것이 필요하다. 만약 평소 관리 · 감독자와 부하 직원의 인간관계나 의사소통이 제대로 이루어지고 있다면 다소 무리한 목표라도 저항 없이 받아들일 것이다. 따라서 평소 인간관계를 잘 다져(이를 직장 내 M적 요소 충족이라고 볼 수 있다) 그 기반 위에 안전의 기본 규칙이 엄격하게 지켜지도록 P의 힘을 발휘해 가는 리더십을 전개하는 것이 바람직하다. 이것이 내가 말하는 MP형 리더십이다.

규율을 지키지 않는 사람을 리더로 임명하자

사고를 일으키기 쉬운 유형

같은 회사에 근무하고 같은 일에 종사하면서 수년 동안 무사고인 사람이 있는가 하면 해마다 여러 번 같은 사고를 일으키는 사람도 있다. 그래서 옛날에는 '사고 빈발(반복)자'라는 개념도 흔히 사용되었다. 이는 통계적 자료를 검토하는 과정에서 지적되는 경우가 많았다.

하지만 이런 관점은 다음과 같은 비판에 직면했다. 첫째, 노동환경이 불량하거나 제대로 정비되어 있지 않아 사고를 일으키기 쉬운 조건이 되었을 수도 있다. 열악한 작업환경이 개선되지 않고 지속된다면 작업자에게 책임을 전가해서는 안 되는 것이다. 둘째, 다른 사람들보다 사고 발생이 잦다고 해도, 무엇을 기준으로 '잦다'고 판단해야 하는지가 문제다. 셋째, 모든 사람이 일에 대한 흥미나 관심을 똑같이 가진다는 가정은 상식적이지 않다. 작업에 대한 동기부여, 일을 둘러싼 사회적 요인을 검토할 필요가 있다는 것 등이 비판의 주요 내용이었다. 이런 이유로 사고 빈발자라는 개념을 사용하는 경향은 점차 줄어들었다.

그러나 앞서 언급한 것처럼 사고 발생 빈도에 개인차가 있는 것도 사실이다. 이를 확인할 수 있는 한 운송 회사의 조사 자료가 있다. 동일한 조건 아래 근무한다면 위험에 대한 노출 정도는 같다고 볼 수 있다. 이 회사의 운전사 A는 5년 무사고인데 반해, B 운전사는 4년 동안 사망 사고를 포함해 무려 13회의 사고를 일으켰다.[7] 일반적으로 사고를 일으킨 사람은 그 체험을 반성의 계기로 삼아 이후의 작업에 반영하는 것이 보통이다. 하지만 운전사 B에게는 그 반성이 보이지 않고 사고 재발 방지를 위한 노력도 보이지 않았다. 이렇게 되면 운전사 B에게 뭔가 결함 요인이 있지 않을까 생각하는 게 지당할 것이다.

---

7) 나가야마 야스히사(長山泰久), 〈안전과 사고〉, 《산업 심리》, 유히카쿠(有斐閣).

의식의 중단

도쿄 하네다 공항에서 대형 제트 여객기가 착륙에 실패해 24명의 사망자를 낸 사고가 아직도 기억난다. 이 사고는 조현병이 있던 기장 K의 이상 행동에 의한 것이었다. 사고 전 여러 번 전조 행동이 있었음에도 불구하고 그것을 간파하지 못했거나, 묵인했던 관리자의 책임을 엄중하게 물어야 할 것이다. 이런 대참사는 아니어도 같은 종류의 원인에 의한 사고 사례는 적지 않다. 즉 간질 병력이 있음을 알면서 운전 직무에 종사시켰던 예나 수면병이 있는 사람에게 위험한 일을 하게 했던 경우가 그것이다. 그밖에 각성제를 상시로 복용하는 사람이 전차나 택시를 운전해서 사고를 일으킨 예도 있다.

일본의 도로 교통법 제88조에서는 정신병자, 지적 장애자, 뇌전증(간질) 환자, 눈이 보이지 않는 자, 귀가 들리지 않는 자 등은 면허 취득을 제한하고 있다. 이런 사람이 운수업에 종사하는 것은 운전 중 의식 중단이 발생하거나 정보의 확인이 불가능한 경우가 있어 매우 위험하기 때문이다. 이 밖에 심각한 당뇨병 및 고혈압, 심장병 환자도 주의가 필요하다.

따라서 갑자기 실신하거나 의식을 상실하는 경향이 있는 사람은 위험한 직무에 접하지 않도록 적성에 맞는 배치를 하는 것이 중요하다. 현재 의학적 진단 기술이 진보해 앞서 서술한 기질을 가진 사람은 어느 정도 파악할 수 있다. 또한 평소에 건강 검진과 정신 위생 관리를 철저하게 하는 것이 중요하다.

사고자의 특징

작업이 단순하고 변화도 없으며, 되풀이되고 규제를 강하게 받는 일에 오랜 시간 종사하면 대부분의 사람은 단조로움과 따분함을 느낀다. 작업자가 그 일에 의의나 목적의식을 가지지 않을 때면 단조로움과 소외감은 배가된다. 이런 작업에서는 작업에 변화를 주거나 작업량이나 필요 사항을 기록하게 하는 등 적당한 외적 자극이 필요하다. 배경음악을 흐르게 하는 것 역시 대책이 된다.

가끔은 단조로움과 소외감을 느끼게 하는 요소가 적은 일에서도 심하게 비능률적이거나 끈기를 보이지 않는 작업자가 있다. 이 사람들의 작업을 살펴보면 불량품 비율이 높거나 과실 발생 비율이 높다. 그래서 예로부터 여러 사업장에서 성격과 사고의 관계를 조사해 양자 사이에 무슨 관계가 있지 않는지, 만약 있다면 어떤 대책을 강구하면 좋을지 등의 검토가 이루어져 왔다.

이들 연구는 주로 조사 대상자를 무사고자(안전 성적 우수자)와 사고 다발자의 두 그룹으로 나누어 그 차이를 찾아낸다. 그 결과 사고 다발자 그룹은 쾌락을 추구하는 경향이 강하거나 허영심이 강한 경우가 많았다. 또 도덕적으로 결벽하지 않거나 책임감이 결여되어 있고, 정서가 불안정하며, 비협조적이고 공격적이기도 했다. 혹은 타인에게 공감하는 능력이 부족하고 자기중심적이거나 규칙을 지키려는 성향이 약하게 나타났다. 여기에 충동적이고 뻔뻔하거나 심신의 상태에 과도하게 신경을 쓰는 등의 성격적 특징이 두드러지기도 한다고 말한다.

음지에서 양지로

여러 해에 걸쳐 형성된 사람의 성격을 단숨에 바꿀 수는 없다. 앞서 열거한 성격 특징을 가진 사람이 모두 사고를 일으킨다는 얘기도 아니며, 이런 성격을 가진 사람을 무조건 위험인물처럼 여겨서도 안 된다.

그러나 많은 연구자들이 공통으로 지적하고 있는 '규칙을 지키지 않거나 비협조적'이라는 특징은 긴밀한 연계 작업을 필요로 하며, 약간의 부실도 허락하지 않는 건설 작업이나 현장 작업에서는 커다란 마이너스 요인이 된다. 그러므로 이런 특성이 강한 사람은 그 성격 특징을 플러스 방향으로 바꾸지 않으면 안 된다. 본인이 자각하고 반성해 변한다면 이상적이지만 이는 쉽지 않다. 이럴 때 유효한 방법이 있다. 과감히 그 사람을 그룹의 리더나 작업 지도자로 임명하는 것이다.

이와 관련해 재미있는 실험을 한 학교가 있다. 학급에서 인기가 별로 없는 학생을 골라 학급 위원으로 임명했다. 예상하지 못한 역할을 부여받은 이들 학생은 모두 깜짝 놀랐다. 그 가운데 한 명은 가족으로부터 축하까지 받았으며 위원에 임명되고 나서 서서히 행동이 변화했다. 이전에는 학교에서 돌아오면 가방을 집어 던지고 놀러 나갔지만 책상 앞에 앉아 공부하게 되었고, 식사 시간에도 학교 이야기를 적극적으로 하게 되었다. 불과 몇 달 만에 이 학생의 태도는 엄청나게 달라졌다. 그 외에도 새로 임명된 다른 위원들의 행동 변화도 컸다고 한다.

역할이 사람의 행동을 바꾼 좋은 보기라 할 수 있다. 사회적으로 인정받은 것이 스스로에게도 동기를 부여해 활동의 원동력이 된 것이다. 일에 충실하도록 하고 의욕을 불러일으키려면 '칭찬'이 필요하며 책임과 권한을 주는 것이 중요하다.

나쁜 습관이 두드러지고 개성이 강한 사람들은 집단에서 일탈하고 이단자 취급을 받는 경향이 강하다. 주위의 차가운 시선을 계속 받는 사람은 성격이 비뚤어진다. '나는 형편없는 사람'이라는 열등감이 방종에 빠져들게 한다.

규칙을 지키지 않는 사람이나 협조적이지 않은 사람을 리더로 임명한다면 안전 작업이 제대로 유지될 수 있을까? 이런 우려도 분명 있으며 확실히 처음에는 불안한 면이 드러날지도 모른다. 그러나 그 진행 상황을 인내심을 가지고 지켜보면서 조금이라도 좋은 면이 보일 때마다 칭찬하고 지지하면서 격려하는 것이 필요하다. 이런 과정을 거치면 반드시 그 사람의 좋은 면이 나타나게 마련이다.

매슬로우(A. H. Maslow)는 인간에게는 생리적, 안전, 소속과 애정, 존경, 자기실현 등 다섯 가지의 요구가 있으며, 그 요구가 만족될수록 개인의 만족감이 높아진다고 주장했다.

역할을 맡아 자신의 방식이 인정받으면 존경이나 자기실현 요구는 충족되는 셈이다. 그늘에 숨어 있는 사람을 한번 햇볕이 드는 장소로 내보내보기 바란다.

중장년 남성이여 힘을 내자

남성의 활력

일본에서는 제임스 미키(三木)가 각본을 맡은 NHK 대하드라마 〈접시꽃(葵) 도쿠가와(德川) 3대〉가 인기가 많았다. 제1대 쇼군은 말할 것도 없이 도쿠가와 이에야스(家康)다. 그는 74세로 삶을 마감할 때까지 16명의 자식을 얻었다고 한다. 물론 정실 외에 많은 측실 소생이 있었으므로 현대인의 관점에서 보면 여권 멸시라며 비판받을 수도 있을 것이다. 더구나 이 드라마에서 특히 2대 쇼군 히데타다(秀忠)가 아들이 태어나지 않는 것에 초조해 하고 있는 장면이 볼만했다(다행히 히데타다도 아들을 낳기는 하였다).

아무튼 자녀를 16명이나 두었다는 것은 대단하다(기록에 의하면

11대 쇼군 이에나리(家齊)는 측실 40명으로부터 55명의 자녀를 얻었다고 한다). 일본의 1999년 출생률 1.34와 비교하면 엄청난 차이이다. 저출산 문제는 고령화 사회의 복지 부담, 경제 활동에 대한 영향, 외국인 근로자 입국 등과 같은 사회 · 경제적 문제를 초래한다. 그러나 여기서는 이 문제를 다루려는 것이 아니다.

내가 걱정하는 것은 남성의 활력 감퇴이다. 확실히 오늘날은 과거에 비해 사회적 자극이 너무 많다. 경륜이나 경마, 파친코, 마작, 디스코, 영화, 연극, 낚시 등과 같은 각종 실외스포츠, 선술집, 스탠드바, 인터넷 등 예를 들면 끝이 없다. 이런 레저 활동으로 시간을 보내고 있으면 가족과 단란한 시간을 가지거나 부인과 밤 생활을 즐기는 여유도 생기지 않는다. 그래도 좋은 것일까?

2000년 5월, 토니 블레어 영국 총리(당시 47세)의 마흔다섯 된 아내가 아들을 낳아 블레어 총리가 2주간 육아 휴가를 얻어 화제가 되었다. 일본의 중장년 부부도 한 번쯤 본받을 점이 아닐까?

성적 에너지

옛날 쇼군의 넘치는 정력을 찬미하기 위해 이 이야기를 하는 것은 아니다. 필자는 다만 젊음을 유지해주는 성적 에너지에 주목하고 싶을 뿐이다. 인간의 활동 동력을 성욕이라고 설파한 사람은 20세기 가장 영향력 있는 학자로 일컬어졌던 정신분석학자 프로이트였다. 아무래도 생물주의에 지나치게 편중했던 그의 사상은 비판도 많이 받았지만, 그 생각이나 용어는 현대에도 여러 영역에서 인용되거나 영향을 미치고 있다.

안전 영역에서도 프로이트는 영향력을 행사하고 있다고 말할 수 있다. 예컨대 안전모나 구명줄을 잊어 사고를 일으킨 사례를 고찰할 때도 프로이트의 생각을 응용할 수 있다.

필자가 프로이트의 이론에서 주목하고 싶은 부분은 억압 이론, 정신적 콤플렉스 개념이다. 인간의 행동 동력에는 식욕과 성욕, 명예욕 등 여러 가지가 있는데, 프로이트는 그중 가장 중요한 것이 성욕이라고 생각했다. 그러나 일상에서는 도덕적 규제나 양심의 힘 등이 작용해 각종 욕망을 직접적으로 표면에 드러내게 되지 않고 무의식 세계로 밀어두는 경우가 있다. 이 작용을 그는 억압이라 정의하고, 이것이 거듭되면 무의식 세계에 모인다고 보았다. 그리고 이 덩어리를 정신적 응어리, 콤플렉스라고 이름 붙였다. 콤플렉스가 해소되지 않은 채 무의식 속에 크게 퍼지면 노이로제의 원인이 된다. 따라서 이 콤플렉스를 해소하는 것이 신경증 환자 치료에 유효한 방법이라고 생각해 꿈 분석법과 자유연상법을 고안했다.

의식의 우회

프로이트가 생각한 꿈의 연구는 안전 문제에서도 중요하다. 본래 꿈은 밤에 잘 때 꾸는 것이지만, 주간 작업 중에도 꿈을 꾸는 듯한 상태가 될 때가 있다. 백일몽 혹은 의식의 우회라고 부르는 현상이다. 직장에서 작업 중 무엇을 생각하고 있는지 모르게 엉뚱한 방향을 멍하니 주시하는 사람이 있다. 마치 꿈을 꾸고 있는 듯한 상태이다. 그의 머릿속은 아마 가정이나 직장에서의 걱정거리, 고민, 불안이나 불만으로 가득 차 있을 것이다.

이런 의식의 우회가 깊어지거나 발생 횟수가 많아지면 안전을 위협하는 행동을 일으키기 쉬워진다. 걱정이나 고민에 정신을 빼앗겨 주의력이 산만해지기 때문이다. 위험신호가 나오거나 경계경보가 발령되어도 그것을 알아차리지 못한다.

따라서 의식의 우회에 대한 대책을 강구할 필요가 있다. 하지만 고민이나 불안을 완전히 없앨 수는 없다. 이에 대한 대책은 완전한 소거가 아닌 다른 생각의 깊이를 얕게 하고 발생 횟수를 줄이는 것이다. 그러기 위해서는 관리 · 감독자나 안전 담당자가 의식의 우회를 겪고 있는 사람에게 말을 걸어 그들의 고민을 들을 필요가 있다. 그와 동시에 작업자 자신도 적극적으로 해소법을 시도해보지 않으면 안 된다. 친한 사람에게 불만을 털어놓거나 술을 마시며 스트레스를 해소하는 것도 좋다. 술을 마시지 못한다면 스포츠나 게임으로 괴로움을 털어버리도록 한다.

요컨대 스트레스는 가능한 한 빨리 해소한 뒤 다른 날로 넘어가거나 머릿속에 고여 있지 않도록 하는 것이 중요하다.

중장년 남성의 활력 감퇴

요즘 들어 각종 체조나 재즈댄스가 유행이다. 젊은 여성뿐 아니라 중장년 여성들도 신나게 몸을 움직인다고 한다. 젊은 여성의 춤추는 모습은 쉽게 상상이 되지만 중년 여성의 춤 추는 모습은 일본에서는 그간 보지 못했던 것이다. 비만 방지, 운동 부족 해소가 목적이라 하지만 과연 그럴까?

이런 모습을 프로이트가 보았다면 아마도 춤을 '성적 불만 해소의 창구'라고 했을지도 모른다. "중년 여성의 비만은 성적 교류 부족에 의한 것이 크다."고 말한 부인과 의사도 있었다. '남편의 원기 부족'으로 인한 아내의 욕구 불만이 그들을 재즈댄스장으로 몰아내는 셈이다.

불안이나 불만으로 인한 스트레스는 자신의 침실에서도 해소가 가능하다. 따라서 고민이 있으면 아내를 침대 속에서 공격해야 한다. 그 공격이 격하면 격할수록 부부의 만족도는 높아지고 스트레스는 해소된다.

하지만 요즘의 일본인 남성, 특히 중장년 남성의 성적 공격력이 갑자기 약해지고 있다. 일본과 미국 남성의 연령별 성적 능력을 비교한 자료에 의하면 월 3~5회 이상 성교한 사람의 연령대별 비율은 40세까지 일본인 남성 쪽이 미국인 남성보다 많지만, 50세 이상에서는 역전된다. 발기부전이 되는 시기를 살펴보면, 30세 이후 구간에서 일본인 남성의 비율은 상당히 높다. 40세에서 이미 15퍼센트가 넘고, 50대에서 30퍼센트, 60대가 되면 60퍼센트를 넘어 반수 이상의 사람이 발기하지 못하는 것을 알 수 있다. 물론 이런 능력에는 개인차가 있어서 80세라도 성행위가 가능하다고 답한 사람도 있고 고령자 가운데도 발기 가능한 사람도 있다.

높은 목표 설정

외국에서는 부부가 성관계를 하지 않는 것이 이혼 사유가 되기도 한다. 두세 명 가운데 한 명이 이혼 경험자라는 미국의 실정을 웃어넘길 수 없다. 일본에서도 성적 불만이 원인이 되는 이혼이 계속 늘고 있다. 특히 문제가 되는 것은 중장년층의 이혼이다.

일본에는 "남자는 문지방을 넘으면 일곱 명의 적이 있다."라는 옛말이 있다. 이 말은 아내가 남편의 이해자이자 협력자이며 아군이라는 생각이 바탕이 된다. 그러므로 남자의 에너지는 항상 밖을 향하고 있을 수 있었다. 하지만 아군인 아내가 쌀쌀한 눈초리로 보고, 등을 돌린다면 어떻게 될까? 앞문에 호랑이, 뒷문에 이리가 들어오는 것이며 사면초가 상태가 된다. 출퇴근 시에는 말할 것도 없고, 식사하는 동안에도 차가운 분위기와 험악한 공기가 흐른다. 일촉즉발의 상태이다. 아무리 기가 센 남성이라도 긴장되고 초조해질 것이다.

이런 날이 계속되면 일도 손에 잡히지 않는다. 실수나 오류를 저지르기 쉬워진다. 본인을 위해서도 좋지 않고 직장의 능률이나 생산성에도 영향이 나타난다.

좋든 싫든 일본의 노동력은 점점 고령화하고 있다. 저성장 시대는 당분간 계속될 것이며, 청년층을 대량으로 고용하기 힘들어진다. 청년층의 절대 수 감소와 정년제 연장이 동반되어 근로자의 평균 연령은 점점 높아져 간다.

이럴 때 가장 힘을 내야 하는 것이 중년 그룹이다. 만약 그들의 배우자가 포기해버린다면, 중장년층은 전력을 다해 일할 수 없다.

이제는 자식들에게 의지하지 못한다. 불혹을 넘긴 사람, 정년을 앞두고 있는 사람, 이미 두 번째, 세 번째 일자리에 지친 사람에게 가장 의지할 만한 사람은 배우자뿐이다. 그들을 재즈댄스나 춤추는 자리에 가지 않고 지내도록 만족시키지 않으면 안 된다.

그러기 위해서는 JR의 광고처럼 그린 트레인으로 1주 동안 국내 여행을 하는 것도 좋을 것이다. 그래도 목표는 가능하면 크게 가지는 것이 좋다. 유명인처럼 해마다 5~6회 해외여행을 바랄 수는 없더라도 3년이나 5년 뒤 부부가 함께 해외여행을 즐긴다는 계획을 가지도록 한다. 일본에서 포르노의 완전 자유화는 당분간 기대할 수 없다. 파리나 뉴욕에서 부부가 함께 포르노 한 편을 끝까지 보는 것은 젊음을 되찾는 묘약이 된다. 바로 이번 달부터 그 계획을 실행할 수 있도록 적금이라도 시작하자.

제4장

인간 특성을 알자

'안전'을 바란다면 급할수록 돌아가라

효율성에 대한 집착

도쿄 시부야의 명물 스크램블 교차로가 좌회전 차량 정체의 원인이라 폐지될 것 같다는 신문 기사를 읽었다. 원래 '뒤섞다'라는 요리 용어(스크램블드에그)나 군사 용어로 방공 전투기의 긴급 발진을 의미하던 이 말을 교통 관계에 도입한 것은 뉴욕 시 교통국장이었던 H. A. 반스(Barnes)라고 한다.

교차점의 차량용 신호 전체를 동시에 빨간불로 바꿔 모든 자동차가 일시적으로 멈추게 한 후 보행자가 교차로를 자유롭게 걸을 수 있는 방식인 스크램블 교차로는 대각선 방향으로 비스듬히 횡단할 수도 있다. 스크램블은 도쿄, 오사카를 시작으로 일본 각지에 설치되어 그 수는 700곳 이상에 이른다고 한다.

보행자들은 지름길로 갈 수 있으므로 이 형식을 선호한다. 이제까지 보행자는 교차로에서 대각선으로 걸어가기 위해서는 도로를 두 번 건너야 했다. 피타고라스의 정리를 빌릴 것까지도 없이 도로를 두 번 횡단하는 것보다는 비스듬히 가로지르는 것이 거리도 가깝다. 최단 거리로 이동하려는 경향은 인간에게만 국한되지 않는 동물의 습성이라 할 수 있다.

아침저녁 통근 시간에 샐러리맨의 행동을 관찰하면 여러 곳에서 이 반응을 포착할 수 있다. 역까지 가장 짧은 길을 선택해 시간을 절약한다. 공터 등은 가장 가까운 거리를 많은 사람이 걷기 때문에 자연스럽게 길이 형성된다. 전철을 탈 때도 출입구 부근에 모여 서지 결코 안쪽으로는 들어가지 않는다. 역에 도착하면 남보다 먼저 계단 쪽을 향해 돌진한다. 그래서 출입구와 계단 입구에는 사람이 넘치고 서로 밀고 당기더라도 좀체 나가지 못한다. 회사에 도착해서도 계단 난간을 따라 오르내리고, 층계참을 멀리 돌아가거나 하지 않는다.

서류나 사무기기도 손이 바로 미치는 곳에 둔다. 이들은 모두 같은 심리에 의한 행동이다.

쓸데없는 것, 균일하지 못한 것, 무리한 것 제거

이런 행동을 보이는 이유는 이들 행동이 에너지 소모의 최소화, 즉 쓸데없는 것, 균일하지 못한 것, 무리한 것 등 세 가지를 없애는 데 적합하기 때문이다. 이들 세 가지를 없애는 것에 노력을 기울인 사람은 F. W. 테일러(Taylor)였다. 작업 현장을 관찰하던 테일러는 작업자가 하는 일의 방식에서 쓸데없는 것, 균일하지 못한 것, 무리한 것 세 가지를 개선하면 능률이 향상될 것이라 생각해 '삽질 작업 실험'을 시도했다.

가장 처음 시도한 것은 표준 하중의 설정이었다. 재료의 차이에 따라 생기는 하중 차이를 조절하기 위해 삽의 종류를 열 가지 정도로 늘리고 이들을 각각 나누어 사용함으로써 언제나 일정한 무게를 유지할 수 있게 했다. 그밖에 스톱워치를 사용한 시간 연구를 통해 표준 작업 방식을 정하고 이 방법을 모든 작업자에게 적용해 작업 능률의 비약적 증대를 이루었다.

이전 방법으로 작업했을 때는 평균 500명이 필요했던 일이 새로운 방법을 이용하면 140명으로도 가능했다. 한 사람이 하루에 처리하는 분량 역시 16톤에서 59톤까지 늘어났다. 그리고 작업 능률에 따라 임금을 지불해 작업자의 수입도 증대되었다. 노사의 공존공영이라는 이 관리 방식이 전 미국을 석권했음은 잘 알려져 있다.

같은 시기에 건축기사 F. B. 길브레스(Gilbreth)는 산업 심리학자인 아내 L. M. 길브레스의 협력을 얻어 동작 연구를 개발하고 있었다. 그는 건축 현장에서 여러 가지 방법으로 벽돌을 쌓고 있는 인부들을 보았다. 테일러와 마찬가지로 길브레스도 쓸데없는 것, 균일하지 못한 것, 무리한 것 세 가지를 없애려고 생각하고 있었다. 수많은 작업 방법 가운데 '가장 좋은 방법'이 있을 것이라고 예상하고, 그것이 어떤 것일지 아내의 도움을 받아 실험적으로 조사했다. 현재 스모나 스포츠 중계에서 활용되고 있는 분해 사진 기법이나 고속 촬영으로 사람들의 동작을 분석하는 테크닉은 모두 그가 개발한 기법이다.

길브레스 부부는 작업자가 수행하는 동작을 영상으로 찍고 동작에 걸리는 시간을 화면에 기록하는 '미세 동작 연구'나, 작업자의 신체 부위에 꼬마전구를 붙여 운동 궤적을 사진으로 찍는 '운동 도법' 등을 발명했다. 이런 기법을 구사한 연구 결과 그들은 어떤 작업에나 반드시 들어가는 기본 동작을 찾아내 이를 서블리그(therblig)라고 불렀다. 찾다, 검사하다, 고르다, 빈손 이동, 붙잡다, 나르다, 위치를 바로잡다, 붙이다, 사용하다, 제거하다, 살피다, 준비하다, 손을 떼다, 쉬다, 피할 수 없는 지연, 피할 수 있는 지연, 생각하다, 꽉 쥐고 있다 등의 18가지가 그것이다. 사실 서블리그라는 이 단어는 길브레스의 철자를 거꾸로 한 것이다.

동작 경제의 법칙

서블리그를 사용하는 작업 연구를 통해 길브레스 부부는 작업에서 쓸데없는 것, 균일하지 못한 것, 무리한 것 세 가지를 배제하고 합리적 동작을 하기 위한 원칙을 끌어내고 이것을 '동작 경제의 원칙'이라 했다. 그것은 ① 가장 피로가 적은 동작을 하는 것, ② 불필요한 동작을 줄이는 것, ③ 최단 거리 동작을 하는 것, ④ 동작의 방향을 원활히 하는 것 등이었다.

이 동작 경제의 원칙은 그 후 많은 사람들의 연구에 의해 수정 보완되었다. 그 가운데서도 특히 R. M. 반스(Barnes)는 시간 연구와 동작 연구를 집대성하고 이것을 《동작, 시간 연구》로 정리했다. 그는 이 책에서 ① 신체 사용에 관한 것, ② 작업장에 관한 것, ③ 공구, 설비의 설계에 관한 것 등 세 측면에서 22개 원칙을 들고 각각에 대해 상세하게 해설했다. 그 일부를 발췌해보면 다음과 같다.

① 동작 범위는 최소로 할 것.

② 동작 경로는 자연 경로에 맞출 것.

③ 급격한 방향 전환을 하지 말 것.

④ 양손의 동작은 동시에 좌우 대칭으로 할 것.

⑤ 기본 동작의 수를 줄일 것.

이런 법칙은 작업 방법의 적정화를 도모하며, 피로를 줄이거나 안전을 유지할 때 유효한 지침이 된다. 작업 진행 시 특정 자세나 부자연스러운 자세가 강요되고 있지는 않은지, 작업면의 높이는 적당한지, 발판 상황은 어떤지, 동작 범위 안에 장애물이나 방해물은 없는지, 인간의 자연스러운 운동에 반하는 동작은 들어 있지 않은지 등 동작 연구 기법이나 확인 사항 등에 따라 작업 방법을 점검하는 것이 중요하다.

인간성 고려

동작이나 작업 연구를 안전 관리 면에 활용하는 것은 바람직하지만 지나치면 능률 향상만 고려해 인간성이 무시되기 쉽다. 실제로 작업 연구가 활발해졌을 무렵에는 작업 방법, 작업 설비, 작업 시간 등의 표준화를 서두른 나머지 인간의 의욕이나 감정, 개성에 대한 배려가 결여되었다는 비판이 일었다. 단조로움을 증가시켜 근로자의 창의적인 노력을 박탈한다는 것이었다. 게다가 작업을 세세한 동작 요소로 분해한다는 그 구상이 극단적인 요소론으로 기울어져 기계적 인간관에 빠진다는 불만도 제기되었다.

직장에는 연령, 능력, 경험, 의욕, 작업에 대한 동기부여 등 여러 가지 면에서 다른 사람들이 모여 있다. 게다가 같은 사람이라도 컨디션에 따라 일에 대한 접근 방식이 바뀌기도 한다. 이런 사항을 경시하고 모든 인간을 같이 취급하는 것은 문제가 있다.

동작 경제의 원칙 안에서는 동작의 빠르기를 생체 고유의 빠르기에 맞추자고 하지만, 여기서 이야기되는 생체란 어디까지나 인간 일반을 의미하는 보편성이 강조되고 개개인의 배경이나 조건을 고려한 고유성은 거의 고려하지 않는다.

날씨, 사용하는 도구, 주위 환경 조건, 작업자의 개인차 등 변동 사항이 많은 건설 현장은 동작 시간 연구가 비교적 자리 잡기 어려운 장소이다. 그러나 급격한 방향 전환을 하지 말 것, 동작 순서의 합리화를 도모할 것, 중심 이동을 적게 할 것 등 건설 작업 중 안전을 위해 유의해야 할 조항이 '동작 경제의 원칙'에는 적잖이 들어가 있다. 그러므로 이들 기본 사항은 많이 활용되어야 한다. 하지만 안전에 관한 문제에서 효율성과 빠른 속도만을 따지는 것은 찬성할 수 없다.

'급할수록 돌아가라'고 한다. 급할 때는 조금 돌더라도 위험한 지름길보다 안전한 길을 고르는 편이 결국은 가장 빠른 길이 된다. 매일 하는 작업 준비, 점검, 절차, 작업 수행은 아주 조심스럽게 이루어져야 할 것이다.

전달 내용은 간략하게 한다

짧은 글 반복 능력

3, 4세의 어린이에게 "오늘은 날씨가 좋습니다."라든가 "겨울이 되면 춥습니다." 등의 짧은 글을 들려주고 그것을 따라 하게 하면 대부분은 반복할 수 있다. 이 시기가 되면 지적 능력을 구성하는 기억 측면이 발달해 짧은 문장이라면 기계적으로 뇌의 측두부에 있는 '해마'라는 장소에 저장했다가 단번에 끄집어낼 수 있기 때문이다.

열 자 전후의 짧은 글을 유아가 반복할 수 있고, 그것이 어린이의 정신 발달을 나타내는 지표가 된다는 것을 알아낸 사람은 프랑스 심리학자 A. 비네(Binet)였다. 그는 파리 교육위원회의 위촉을 받아

지적 장애아 감별법을 시몽(Simon)과 공동으로 연구하고 있었다. 이 테스트에는 아무렇게나 늘어놓은 숫자를 기억하게 하거나, 마구 흩어 놓은 종이쪼가리로 도형을 구성하도록 하는 문제 등이 포함되어 있었다. 이들 문제를 학생들에게 풀게 해보았더니 어느 문제는 많은 학생이 올바로 대답할 수 있지만, 정답률이 격감하는 문제도 있었다. 그래서 정답률이 낮은 문제를 어려운 문제로 간주하고, 쉬운 문제에서 차츰 어려워지는 문제를 만들었다. 어디까지 올바로 답할 수 있는지에 따라 어린이의 정신 발달 상황을 알 수 있지 않을까 생각한 것이다. 이들은 전부 30개로 이루어진 문제를 지능 측정의 한 수단으로 발표했다. 이것이 세계 최초로 시도된 '비네 검사'이다.

그 후 비네 검사는 개량을 거듭해 70개 이상의 문제가 만들어졌으며, 성인에 이르기까지 지적 능력을 측정할 수 있게 되었다. 이 비네 검사는 세계 각국에 소개되었고, 일본에서도 '스즈키(鈴木) · 비네', '다나카(田中) · 비네 지능 검사'로 개발이 이루어져 지금까지 수많은 사람들에게 실시되었다.

앞의 짧은 글 반복 문제는 6, 7세가 되면 30자 이상의 문장으로 바뀌며, 검사자가 낭독한 것을 올바로 따라 할 수 있으면 정답으로 간주된다. 두말할 필요 없이 지적 능력은 이들 기억 문제를 풀 수 있는 것만으로 판정되는 것이 아니다. 말의 유창함이나 언어, 수 등을 파악하는 능력, 이해력 등의 여러 가지 면을 종합해 평가되는 것이며, 기계적 기억 능력만 우수한 것으로 지능이 높다고 결론을 내리지 않는다.

단기 기억과 장기 기억

가로축을 나이, 세로축을 지적 능력으로 지정해 연령별 변화를 그래프로 나타내보면, 20세 전후까지는 지적 능력이 직선에 가까운 형태로 향상하는 것이 일반적이다. 즉 나이와 더불어 지능이 발달해가는 것을 알 수 있다. 하지만 이 선도 20세를 전후한 시점에서 정점을 찍고 그 뒤로는 모로 가는 모양이 되었다가, 60세를 지날 무렵부터 하강하기 시작한다. 이른바 상승하는 경향이 감소하고(고원 상태) 그 뒤로는 능력이 저하할 뿐이다.

이들 변화 가운데 가장 현저한 것이 기계적 기억 능력이다. 발달 과정에서, 특히 중고교생 무렵은 역사 연대나 수식 등 단순한 것을 잘 기억할 수 있다. 중장년이 되면 물체나 사람 이름, 수식 등 단순한 것을 기억하는 능력이 나빠진다.

기억 연구 분야에서는 기억을 단기 기억과 장기 기억으로 분류한다. 단기 기억이란 앞에서 본 것 같은 짧은 글이나 전화번호 등 소재가 제시된 직후부터 몇 초 또는 십수 초라는 짧은 시간 동안 유지되는 기억 현상을 말한다. 단기 기억 용량을 조사하려면 통상 문자나 숫자를 아무렇게나 배열해 피험자에게 짧은 시간 동안 시각적 또는 청각적으로 제시하고 그 직후 기억을 재생시킨다. 여러 연구 결과에 의하면 단기 기억의 용량은 72라고 한다. 이 용량을 기억의 범위라고 하며, 장기 기억 용량과는 비교가 되지 않을 정도로 작다.

이를테면 전화번호가 987-1234처럼 일곱 자리인 것은 단기 기억의 범위와도 일치해 기억하기 쉽기 때문이다.

이에 반해 몇 분에서 수십 년에 걸치는 기억 현상을 장기 기억이라 한다. 단기 기억이 외부의 방해를 받기 쉽다는 약점을 가지는 것과 달리 장기 기억은 완강하고 견고하다. 장기 기억을 살펴보려면 출생 장소, 나이, 일상생활 용품의 이름 등을 물으면 된다.

나이와 기억 능력

연령별로 단기 기억과 장기 기억의 능력을 조사한 한 연구자는 15세부터 85세까지의 사람을 피험자로 해서 위에서 말한 것과 같은 방법으로 기억 능력을 조사했다. 그 결과에 의하면 15세 무렵까지는 단기 기억과 장기 기억 사이에 커다란 차이가 없지만, 35세 무렵부터 차이가 벌어지기 시작해 나이가 많아짐에 따라 차가 커진다. 예컨대 25세 무렵에는 단기 기억과 장기 기억의 점수 차가 불과 5점 정도였던 것이 55세가 되면 20점 이상 벌어진다. 이처럼 나이를 먹음에 따른 기억 능력 감퇴는 단기 기억에서 현저하며 장기 기억은 조금 저하되는 정도이다.

고령자의 단기 기억 능력이 떨어지는 이유를 몇 가지 생각해볼 수 있다. 우선 고령자에게는 단기 기억을 촉진하는 학습 기회가 마련되지 않는다. 초중고생에게는 대학 입시라는 특수한 조건을 제외하더라도 기계적으로 기억해야만 하는 경우가 잦은 학습의 장에 노출되어 있다. 이런 환경이 학습자의 기억 능력을 높이는 것은 당연하다. 그리고 고령자가 되면 과거의 학습 내용이 몸 전체에 고착해 하나의 습관으로 완성되며, 새로운 학습 재료를 받아들이지 않으려 하거나 새로 투입되는 기억 소재를 방해하려는 간섭 효과가 작용한다.

새삼스럽게 그런 것을 기억하지 않아도 된다는 소극적 학습 의욕이 지배하면 기억 능력은 저하한다.

그러나 중장년이라고 할지라도 학습에 대한 동기부여가 높고, 의식적으로 제대로 기억하려는 사람은 단기 기억 능력 저하를 방지할 수 있다는 실험 보고가 있다. 이는 학습 조건을 검토해야 한다는 사실을 시사한다. 즉 고령자라도 학습에 제대로 시간을 들이고 반복 연습을 하며 어떤 내용이 이어질지 생각하면서 기억하면 망각 비율을 낮출 수 있다는 것이다.

경험에 대입한 위험 사례 설명

조례나 TBM 진행 시 감독자가 주의 사항이라든가 기계나 설비 환경의 상태 혹은 동종 업계의 다른 작업장에서 발생한 재해 사례를 세세하게 이야기하는 경우가 있다. "오늘 A 직장의 B 기계는 ○시 ○분부터 전원이 끊어지고 C 기계로 바뀌므로 △시 △분 무렵부터 리더는 이에 주의해 감독 업무에 임하기 바란다."거나 "X호 탑은 위험하므로 다가가지 않는 것이 좋겠다." 등의 메시지가 전달된다. 하지만 이런 방식으로 전달하면 내용의 70~80퍼센트는 들리지 않는다고 생각해도 좋다. 설령 들었다고 하더라도 그 내용을 완전히 기억하고 있는 사람은 없다. 중장년이 되면 그 비율은 증가할 것이다. 이유는 앞서 말한 것처럼 단기 기억 능력이 저하하고 있기 때문이다.

"탑에 다가가지 말도록!"이라는 지시를 받는 경우, 이유를 설명하고 내용을 이해할 수 있으면 쉽게 납득한다. 하지만 근거를 알 수 없는 상태에서 단지 "위험하다."라고 하면 받아들여지지 않는다. 호기심이나 장난삼아 접근해 커다란 화상을 입게 되기도 한다. 죽을 정도로 아픈 경험이 있던 동물은 똑같은 위험에 두 번 처하게 될 행위는 하지 않는다. 이것은 몸에 새겨진 내용이 장기 기억으로 남아 똑같은 상황에 부딪치지 않으려 하는 방어기제가 작용하기 때문이다.

앞의 전달 내용도 "B 기계는 ○시 ○분까지"라고 전하고 그 시각이 되었다면 감독자가 다시 현장에 나와 C 기계에 관한 주의 사항을 전해야 한다. 그리고 "X호기에 다가갔기 때문에 생긴 사고의 예는 ……이다. 여러분의 일상 체험으로 말하면 그 사례는 ……와 마찬가지……."처럼 작업자 개개인의 체험 사례에 대입해 설명하는 것이 바람직하다.

장기 기억이 세월이 지나도 쉽게 감퇴하지 않는 이유는 각각의 지식이나 정보가 몸의 일부에 흡수되어 근육 활용이나 동작의 연계로 학습되어 있기 때문이다. 손가락을 사용한 근육 동작을 잊기 어려운 것은 누구라도 체험으로 알고 있다. 단기 기억도 이런 장기 기억 속에 끼워 넣으면 잊기 어렵다. 따라서 금지 사항이나 준수해야 할 작업 표준에 관한 사항도 왜 그것을 지킬 필요가 있는지를 이해할 수 있는 정보로 장기 기억에 녹아들도록 해야 한다.

단독 작업자에게는 긴밀하게 연락한다

2만 피트 상공에서

자극이나 정보를 수용하는 기관은 눈이나 귀, 코, 입, 손발이다. 이 가운데서도 특히 중요한 것은 눈과 귀이다. 눈으로 들어온 정보는 시신경을 통해 대뇌에 전달되어 보인다는 시각을 형성한다. 마찬가지로 귀에서 들어온 정보는 청각 신경을 거쳐 뇌에 전해짐으로써 들린다는 청각을 만든다.

다행히 눈이나 귀는 각각 두 개씩이어서 복수의 기관에서 형성되는 감각적 특색으로 깊이나 입체감을 구성한다. 하지만 이들 수용 기관의 수용 능력에도 한계가 있으므로 한 번에 많은 정보를 취해 지시받은 대로 동작이나 행동을 신속하고 정확하게 하는 것은 불가능하다. 예컨대 눈으로 텔레비전 화면을 좇고 귀로 라디오에서 나오는 뉴스를 들으면서 손으로 수학 문제를 풀고 발로 재봉틀 발판을 밟는다는 것은 상당한 훈련과 숙달이 이루어진 사람이 아닌 한 무리이다. 어느 정도의 대응 동작은 취하더라도 정확성이 떨어진다. 세세한 부분을 듣지 못하거나 착오하기 쉽다.

항공기의 기장이 가장 신경을 쓰는 것은 이착륙 때이다. 기장은 긴장한 채 온 신경을 집중한다. 눈은 계기판 위 수십 종의 정보를 좇고 관제탑과의 교신에 귀를 기울이며 손발로 조종간이나 각종 페달을 조작한다. 한순간의 방심도 허락되지 않는 이런 상황은 그 양으로 볼 때 자극 과다의 시기라 할 수 있다.

하지만 일정 고도에 이르러 수평 비행이 되면 기장의 긴장이 풀어진다. 기기 조작도 줄어들고, 계기판에 지나치게 주의를 기울이지 않아도 된다. 여객기의 기장이 승객에게 안내 방송을 하는 것도 이런 한가한 상태가 되고 난 다음이다. 이 경우는 자극 과소라고도 할 수 있을 것이다.

과거에 캐나다 공군에서 고도 2만 피트의 수평 비행을 하고 있던 조종사가 기분이 나빠지고 불안감에 휩싸여 지상으로 내려온 일이 있었다. 같은 일이 다른 조종사에게서도 일어났다. 이 사건을 조사한 연구자는 이런 상태가 수평 비행 시의 자극 과소에서 발생하는 것이 아닐까 생각해 이에 관한 조직적인 실험 연구를 개시했다.

장시간 감각 자극이 결핍된 상태

최초의 실험은 캐나다의 맥길(McGill) 대학교에서 이루어졌다. 성인 남자를 한 번에 한 명씩 반쯤 방음된 작은 실험실 안의 침대에 눕히고, 눈에는 특별한 안경을 씌워 시각을 차단했다. 귀에는 백색 소음(일정 주파수에 걸쳐 있는 소리)만 들리게 하고 다른 소리는 들리지 않도록 했으며, 손도 통 모양 같은 것으로 덮었다. 즉 인간에게 주어지는 감각 자극을 제거한 것이다. 피험자에게 가능한 한 오래 실내에 머물도록 요청했지만, 2~3일이 한계였다. 피험자들은 입실 직후 곧 주의력이 흐트러진다. 사고력을 잃고 공허해지며 수면과 각성의 중간 상태처럼 된다. 기분도 격하게 동요하고 불안감에 휩싸여 환상과 환청을 경험한다. 이런 결과는 외부로부터의 자극이 적으면 지각이나 사고에 이상이 발생한다는 것을 시사하고 있다.

감각 박탈 실험은 그 후 각국에서 이루어졌다. 일본에서도 2~3개 대학교에서 유사한 실험이 시도되었다. 그중에서는 나고야 대학교 환경의학연구소의 실험이 유명하다. 안지름 230×330센티미터인 원통형 준방음 차광실에 등받이를 조절할 수 있는 안락의자, 책상, 수도꼭지 및 수세식 변기만 제공한다. 밝기는 40룩스, 실내 온도는 섭씨 24도로 유지된다. 방 안에는 신문, 잡지, 라디오, 텔레비전,

시계 등의 시각, 청각 자극은 전혀 없다. 이 속에서 한 명이 3일, 72시간을 지내는 것이다. 식사나 음료, 과자류는 피험자의 요구에 따라 벽 옆에 내놓은 구멍을 통해 전해진다. 피험자로 하여금 심경을 기록하도록 하고 한 장 쓸 때마다 벽 옆의 구멍으로 투입하게 한다. 피험자의 자발적 음성 등은 실외로 향한 스피커를 통해 실험자에게 모두 전달되지만, 실험자가 피험자에게 이야기하는 것은 일종의 자극을 제공하는 것이므로 절대 금지한다. 실험자는 두 시간씩 피험자의 행동을 관찰해 기록한다.

고독에 대한 내성

대개 피험자는 처음에는 비교적 가만히 있으려 하며 종이접기를 하거나 노래를 불러 단조로움을 달래려고 한다. 그러다 점차 평온한 생각도 회상이나 백일몽으로 바뀌고 차분하게 있지 못하게 된다. 곧이어 피해망상이나 환청이 나타나며 최후에는 이런 환경에 저항할 의욕이 사라지고 무기력한 상태가 된다.

일반적인 추이는 위와 같지만 성격에 따라 약간의 차이를 보인다. 활기차고 명랑하며 적극적이고 외향적인 사람이 의외로 3일째 후반에는 심한 허탈 상태에 빠져버렸다. 이에 반해 내향적인 사람은 전반적으로 차분해진다. 내향적인 성격의 사람은 여러 사람 앞에서 잘 이야기하지 못하고 혼자 생각하는 것을 좋아하는 타입이다. 성격 유형별로 사고 사례를 조사한 자료 등에 의하면 내향적 성격의 사람이 외향적 성격의 사람에 비해 사고가 많다고 한다. 내향적 사람은 사회적 협조성 결여로 신체 부조화나 마음의 번뇌를 다른 사람에게 털어놓지 않는다. 그래서 정신적 응어리가 쌓이기만 하고 해소되지 않으며, 걱정에 빠져 오류나 실수를 일으키고 만다.

하지만 또 내향적 성격의 사람은 고독한 상황에 처하더라도 그에 잘 적응한다. 오히려 그런 상황에 순응할 수 있는 것이 내향적 성격을 가진 사람의 특색이라 할 수 있다.

28년 동안 괌의 정글에서 꿋꿋이 살았던 고(故) 요코이 쇼이치(横井庄一) 씨도 꼼꼼하고 내향적인 성격이었다고 한다. 고난을 이겨내는 그 강인한 성격 덕에 밀림에서의 고독한 생활과 싸워 이겼다. 땅속에 만든 방을 깨끗이 청소하고 일용품은 언제라도 사용할 수 있도록 준비해두었다고 한다. 사려 깊고 생활 태도를 바꾸지 않는 특징은 내향형 사람에게 많이 나타나는 것으로, 이런 성격이 단조로운 생활에 규칙성을 지니게 하고 계획적인 행동을 하게 했던 것이라 생각된다. 하지만 그의 경우는 자극 과소의 환경이었다고 할 수 없다. 왜냐하면 나무껍질을 이용해 옷을 짓거나 땅속에 만들어 놓은 방을 출입하면서 낚시를 할 수 있었기 때문이다.

인간적 접촉

나고야 대학교에서 행해진 실험은 3일간의 고독한 생활에 불과하다. 하지만 이 실험에 참가한 모든 사람들은 이구동성으로 "두 번 다시 이런 실험에 참여하고 싶지 않다."고 말했다. 또 "식사가 제공되거나 기록 용지를 수거해가므로 밖에 누군가 있다는 사실을 알 수 있었다. 하지만 만약 밖에 아무도 없다는 것을 인지한 상태라면 24시간도 지속할 수 없었을 것"이라고들 했다.

평소 우리는 많은 사람과 접촉하고 집단 속에서 생활하지만 타인과 서로 관계를 맺는 행동의 고마움을 의식하지 못한다. 그러나 앞서 말한 것 같은 환경에 혼자 격리된다면 타인과 접촉하고 누군가와 이야기하고 싶다는 욕구가 용솟음친다. 그런 면에서 인간은 참으로 성가신 동물이다. 일이 산처럼 주어지거나 인간관계가 번거로워지면 거기서 도망치고 싶어진다. 하지만 거꾸로 아무것도 할 수 없고 자극이 없어지면 정서적으로 불안정해지고 문제 행동을 일으키게 된다.

과거 일본의 한 전력 회사에서 실시한 조사가 있다. 깊은 산속에 위치한 전력소에 혼자 근무하는 사람이 "산기슭의 영업소와 전화 연락을 할 때나 찾아온 사냥꾼과 이야기를 할 때가 가장 기쁩니다."고 이야기하던 것이 인상에 남았다. 이럴 때 만약 전화에 쌀

쌀맞게 응대한다면 발신자는 매우 크게 실망하게 될 것이다. “우리 입장이 돼 보지 않으면 이 쓸쓸함은 알 수 없을 것”이라는 말이 아직도 필자의 귀에 들리는 것 같다.

최근 자동화와 에너지 절감 운동 등으로 공장 안에서도 단독 작업이 늘어나고 있다. 그리고 교대 근무자가 심야에 기계 점검이나 계기 감시에 혼자 투입되는 경우가 있다. 이들이 이루 말할 수 없는 불안감이나 고독감을 맛보는 것은 사실이다. 공장 작업자라고 하지 않더라도 영업 사원이나 트럭 또는 크레인 운전자처럼 단독 작업과 같은 형태를 보이는 직종은 적지 않다. 사회적 접촉이 적고 인간관계의 소통이 단절되기 쉬운 직무에 종사하고 있는 사람들에게는 관리 · 감독자나 안전 담당자는 말할 것도 없이, 동료나 선배도 적극적으로 전화나 무선 연락을 자주 함으로써 그들을 사회적으로 고립시키지 않도록 해야 한다.

토요일에 놀고 일요일은 쉬자

월요 효과

휴식 뒤에 다시 일이 시작되는, 울적한 월요일이나 휴가 뒤 최초의 작업일을 가리켜 블루 먼데이(Blue Monday) 혹은 블랙 먼데이(Black Monday)라고 한다.

과거 영국 산업피로조사국에서는 여러 연구 결과를 종합해 주간 생산 곡선에 대해 다음과 같은 것을 지적했다.

① 생산량은 월요일 및 작업 주간 최종일에 모두 적다.

② 생산량은 두 가지 요인에 의해 달라진다. 그 하나는 연습으로

이를 통해 능률을 차츰 높일 수 있다. 다른 하나는 피로이다. 피로가 축적되면 생산량은 적어진다.

③ 이 상반된 두 가지 요인은 여러 직업에서 조건의 변화에 따라 그 효과가 나타나는 방식이 달라진다.

④ 일주일 동안 생산량 변동은 장부 정리, 임금 지급일 등과 같은 특수한 자극에 영향을 받는다.

일본에서는 고(故) 기리하라 시게미(桐原葆見) 박사를 비롯한 많은 연구자들이 이런 결론에 대해 검토하였다. 그 결과 기업체의 성격, 작업 종류, 작업자의 특징과 작업 조건, 노동시간을 비롯한 각종 작업환경 조건 등에 의해 약간의 차이는 있지만 앞서 말한 것과 같은 정형적 곡선이 존재한다고 인정하는 것이 일반적인 경향이다. 특히 이 가운데서도 일주일의 첫 번째 근무일에 해당하는 월요일(백화점 등과 같이 휴무일이 일요일이 아닌 곳에서는 휴무일의 바로 다음 날)에 근로 의욕이 감퇴하고, 지각과 결근이 많으며, 사고나 에러 발생률이 높아지는 현상을 '월요 효과'라 한다. 바로 우울한(blue) 월요일이다.

월요 효과에 쉽게 영향을 받는 유형

주간 생산 곡선에 대해 상세하게 연구한 기리하라 박사는 월요 효과에 관한 흥미 있는 사실을 지적했다. 즉 월요 효과가 숙련자는 현저하게 나타나는 반면 미숙련자는 잘 나타나지 않는다는 것이다. 그리고 다음과 같은 것을 그 이유로 든다. 숙련자는 매 순간 전력을 다하는 것이 아니라 어느 정도 여유를 두고 일한다. 이런 태도로 작업하면 휴일 다음 날은 일시적으로 작업에서 격리되었던 생활이 영향을 끼쳐 의식적으로 긴장하기 위해 커다란 노력이 필요해진다. 또 작업이 순차적 방식으로 이루어진다면 이전에 누적되어 있는 공정이 없거나 적기 때문에 더욱 노력을 기울이지 않아도 된다. 이것 역시 하루의 작업 능률을 저하시킬 것이라 추측된다.

미숙련자에게서 월요 효과가 발견되지 않는 것은 그들이 항상 의식적으로 노력을 기울여 작업을 하기 때문이다. 따라서 휴일 뒤 첫째 근무일인 월요일은 휴식에 의한 피로 회복과 의식적 노력의 결과 비교적 생산량이 많다. 요컨대 주간 작업 곡선을 주로 규정하는 것은 작업자의 태도이며, 휴일 다음 날은 태도 조정의 어려움과 작업 촉진 요소가 약해져 의지적 노력이 부족해진다. 따라서 숙련자에게 월요 효과가 현저하게 나타난다는 것이다. 하지만 미숙련자에게만 그 의지적 노력이 강하게 드러난다는 생각에는 찬성하기 어렵다. 필자가 했던 연구 조사에서도 이를 부정하는 효과가 나오고 있지만, 이에 대해서는 추후에 다시 이야기하기로 한다. 다만 여기서 지적해 두고 싶은 것은 월요 효과에도 개인차가 있다는 사실이다.

연구자에 따라서는 월요 효과가 출현하기 쉬운 특정한 성격 유형이 있다고 지적한다. 예컨대 야자키 다에코(矢崎妙子)는 월요 효과를 가벼운 우울증으로 간주하고 이것을 월요병이라 부른다. 월요병에 걸리기 쉬운 유형의 사람을 다음과 같이 꼽았다. ① 지나치게 꼼꼼한 사람, ② 융통성이 없는 사람, ③ 지나치게 진지한 사람, ④ 지나치게 성실한 사람, ⑤ 지나치게 일을 열심히 하는 사람, ⑥ 지나치게 열중하는 사람, ⑦ 철저하지 못하면 미안해하는 사람, ⑧ 책임감이 너무 강한 사람.

이 월요병을 추방하기 위해서는 조기 발견이 가장 효과가 있으며 문진이나 약물 요법(긴장 완화를 위한 신경안정제 투여)으로 쉽게 회복될 수 있다고 한다.

월요일과 사고

월요 효과가 거론되는 것은 이것이 바이오리듬에 의한 것이며 에러나 사고 등 비생산성과 깊은 관련을 갖고 있기 때문이다. 앞서 말한 영국 산업피로조사국의 조사에서도 월요일에 생산량이 적고 결근율이 높은 등의 결과가 여러 사업장에서 동일하게 나오고 있었다. 이런 노동 의욕 저하에 더해 에러나 사고가 월요일에 나온다는 보고가 많다.

산업 재해의 도수율, 강도율 등의 자료는 해마다 상세히 발표되지만 요일별 발생률 등에 대한 자료는 거의 없다. 참고할 데이터가 많지 않은 상황이지만 요일별 재해 발생률을 조사해보면, 역시 첫 번째 근무일이나 주말에 걸쳐 재해 발생률이 높아진다. 예컨대 어느 전기기계 공장의 재해 발생률(재해 건수/취업일 총 일수)은 월요일 0.78, 화요일 0.60, 수요일 0.67, 목요일 0. 64, 금요일 0.67, 토요일 0.69라는 자료가 있으며, 한 주의 첫째 노동일에 재해 발생률이 가장 높다.

다이너마이트 제조 공장 등에서는 사용 빈도가 잦은 원료인 니트로글리콜(Ng)에 의한 중독 증상이 자주 나타난다. 그 대표적인 것은 협심증 발작이다. 발작은 일과성으로 나타나지만 이 밖에도 흉부 압박감, 심장부의 통증, 두근거림, 숨이 가쁨, 두통, 저림, 권태감, 무력감 등의 증상도 확인된다.

흥미로운 것은 이들 발작이 휴일 다음 날인 월요일에 많이 확인되어 '월요 발작(Monday Attack)'이라 불린다는 것이다. 예컨대 어느 공장에서 일어난 발작에 의한 사망 사례(괄호 안은 뇌빈혈이나 마비만으로 사망하지 않은 사례)를 요일별로 조사한 자료에 의하면 월 10(19), 화 2(8), 수 0(4), 목 0(3), 금 2(11), 토 1(4), 일 3(2)으로 되어 있어 압도적으로 월요일에 집중되고 있음을 알 수 있다.[8)]

이렇게 보면 사고 발생이나 질병 건수, 또는 생산성 저하 등의 면에서 보더라도 월요일이 마의 작업일임을 잘 알 수 있다.

주 5일 근무제의 의의와 효과

그런데 앞서 이야기한 전기기계 공장에서는 조사 시점에서 격주로 토일 휴무제를 채택하고 있었다. 그리고 이 이틀의 연휴가 지난 뒤 월요일 재해 발생률을 조사해보면 0.42로 격주 5일 근무제를 채택하기 전 월요일의 재해발생률 0.78에 비해 약 절반 정도이다. 하루의 노동시간 밀도가 높아져 있는데도 불구하고 이런 현상이 보이는 것은 이틀간의 휴일 효과가 나타나는 것이라 생각하지 않을 수 없다.

이와 같은 현상은 필자의 연구에서도 확인된 바 있다. 필자는 한 텔레비전 부품 제조 공장에서 코일을 감는 작업자를 숙련자 그룹

---

8) 《새 노동 위생 핸드북》에서 발췌.

과 미숙련자 그룹으로 나누어 주간 생산 곡선을 몇 개월에 걸쳐 비교 검토해보았다. 그 결과 숙련자, 미숙련자 그룹 할 것 없이 첫 번째 근무일인 월요일에 생산량이 적고 주 후반으로 가면서 능률이 올랐다가 주말에 다시 저하하는 경향이 보였다. 즉 앞서 이야기한 조사 결과와 같았다. 참고삼아 작업자에게 "작업이 순조롭게 이루어지지 않는 것은 언제입니까?" 하고 물었더니 80퍼센트가 월요일이라 했다. 그리고 월요일에 일이 제대로 이루어지지 않는 이유로 "전날의 피로 때문이다." "일요일에 놀았던 피로가 나타난다." "직장이 작업하려는 분위기가 되어 있지 않다." "기계 상태도 좋지 않다." 등이 많았다.

이 공장에서는 여름휴가 제도를 다른 기업에 비해 일찍 도입하고 있었지만, 여름휴가 뒤 월요일의 능률이 숙련자, 미숙련자 그룹 모두 저하되지 않는다는 결과가 나왔다. 즉 휴가 뒤에는 월요 효과가 나타나고 있지 않았던 것이다. 이 결과만으로 단언할 수는 없지만, 앞서 미숙련자만 월요 효과가 없다고 이야기한 기리하라 박사의 소견은 맞지 않다고 생각된다.

월요 효과와 관련된 요인으로 작업자의 심적 태도 역시 무시할 수 없는 문제이지만, 이것 이상으로 주요한 요인은 공장 전체의 준비 상태, 조정 상황, 작업자의 피로 회복 정도이다. 즉 휴일을 보내는 방법인 휴일 제도다.

미국이나 유럽에서는 종교의 영향도 있지만 주말에 철저하게 놀더라도 일요일 오전 중 교회에 나가거나 가족과 함께 느긋하게 휴식하는 습관이 있다. 그것이 주초 월요일부터의 노동력 재생산에 도움이 되고 있음은 의문의 여지가 없다. 이런 점을 우리도 받아들일 필요가 있다. 교회에 가라는 것이 아니다. 주 5일 근무제의 도입이 평균이 된 오늘날, 휴일의 첫째 날을 충분히 즐기고 나머지 하루는 휴식을 취해 다음 주의 노동에 대비하는 것이 바람직하다.

제5장

휴먼에러를 방지하기 위해

세세한 데까지 주의를 기울인다

강화 이론

말이나 글자를 외는 것, 문제를 푸는 것, 운동을 하거나 각종 기술을 습득하는 것을 학습이라 한다. 같은 행동을 거듭 반복하면 이 행동들이 누적되어 지금까지 불가능하던 것이 가능해진다. 컴퓨터나 기계를 조작하는 법을 알지 못했던 이들이 기기를 사용할 수 있게 되거나 크레인 운전이 가능해지는 것은 모두 학습 덕분이다. 그리고 그 행동의 변화가 곧 사라지지 않고 어느 정도의 기간 동안 지속되는 것이 특징이다.

그런데 어떻게 해서 이런 행동 변화가 가능한 것일까? 미국의 신행동주의 심리학자 C. L. 헐(Hull)은 '강화 이론'으로 학습 이론 연구에 커다란 영향을 미쳤다. 그의 이론을 간단히 소개하면 다음과 같다. 일정한 반응이 인간의 욕구를 해소하면 그와 시간적으로 가깝게 존재한 자극과 반응의 결합이 강해져 하나의 반응 경향으로 몸의 내부에 축적된다. 헐은 이 현상을 강화라고 명명했다. 예컨대 컴퓨터 작업을 보자. 자판을 눌러 필요한 정보가 화면에 나타나면 해냈다는 기쁨과 성취감이 솟아난다. 성취 욕구의 충족이다. 이것이 머리와 손가락 끝을 통해 이해되는 것이 바로 강화다.

그리고 이 강화 횟수는 자극과 반응의 결합, 즉 자극과 반응 사이에 성립한 습관의 세기를 규정한다고 생각했다. 그리고 "습관은 습득 과정에서 주어진 강화 횟수의 정적 성장 함수로서 그 강도를 증대한다."고 규정하면서 다음과 같은 식을 생각했다.

$$_{S}H_{R}=1-10^{-aN}$$

$_{S}H_{R}$는 습관 강도이며, a는 정수, N은 강화 횟수를 의미한다. 알기 쉽게 말하면 반복 연습의 횟수를 늘리면 생리적 극한인 1.0까지 학습 수준은 높아진다는 것이다. 하지만 습관 강도가 세다고 실제 행동이 발생하지는 않는다. 컴퓨터를 사용해 문서를 작성하자는 동기(drive, D)가 필요해진다. 따라서 실제 행동($_{S}E_{R}$)은 $_{S}E_{R}={_{S}H_{R}}$라는 식으로 나타내게 된다.

초심자와 숙련자

기기에 흥미를 가지고 이제부터 배우자고 하는 초심자는 D를 강하게 가지고 있더라도 습관 강도가 이루어져 있지 않다. reinforment(강화)라는 글자를 칠 때도 r, e, i처럼 주어진 정보가 서로 연결되지 않는 흩어진 부분으로만 인지되고, 한 자씩 자판을 두드리는 동작이 되풀이된다. 따라서 한 자의 입력이 끝날 때마다 동작의 흐름이 끊어지고 다음 입력은 새로운 동작으로 개시된다. 사진 촬영으로 동작의 궤적을 관찰해보면 초심자나 미숙련자의 궤적은 딱딱하고 직선적으로 변화하고 있음을 알 수 있다.

연습이 계속되면 자판 배열도 기억할 수 있고 글자 구조에 관한 지식이나 이해도 깊어져 다음에 어떤 상황(글자 구조나 문장의 흐름 등)이 발생할지 예측도 가능해진다. reinforcement의 어미도 m, e, n, t라는 네 글자로 파악되는 것이 아니라 ment라는 하나의 덩어리로 파악되고 손가락의 움직임도 한 단위 동작으로 연속적으로 움직인다. 그래서 동작의 궤적도 부드러워지며 곡선을 그리게 된다.

이처럼 숙달되면 일련의 조작이 한 덩어리가 됨으로써 조작 횟수가 줄어 하나의 패턴으로 바뀐다. 덩어리가 커지고 학습자가 다루는 기억 내용이 풍부해지면 짧은 시간 안에 복잡한 일을 해치울 수 있게 된다. 그 결과 작업량 증가, 일정 작업을 수행하는 데 필요한 시간 감소, 작업의 질적 변화 등 실적 향상이 나타난다. 연습에 의해 위로 올라가는 추이를 그래프로 나타낸 것이 연습 곡선이다. 가로축을 시간, 세로축을 학습 성과로 정하고 연습 곡선을 그리면 왼쪽 아래로부터 오른쪽 위로 향해 상승해가는 곡선을 나타내는 것이 일반적이다.

그러나 그 상승이 끝없이 계속되는 것은 아니다. 상승 곡선이 수평이 되는 부분이 출현한다. 이것이 고원(plateau)이다. 학습에서의 고원현상은 과제에 대한 흥미나 동기부여가 감소되거나 나쁜 습관이 나왔을 때 혹은 작업 일부에 부당하게 주의가 집중되어버렸을 때 나오기 쉽다. 고원현상은 진보가 정체하는 시기이며 습관의 나쁜 측면이 나타나는 경우이기도 하므로, 연습 방법 개선이나 동기부여를 높여 이 상태를 벗어나지 않으면 안 된다.

습관에 의한 실수

초심자는 습관 강도가 형성되어 있지 않기 때문에 작업 표준이나 매뉴얼에 의지해 일한다. 시간은 걸리지만 큰 실수는 일어나지 않는다. 반면 숙련자는 습관 강도가 이미 완성되어 있어 봐야 할 정보나 조작해야 할 기계와 도구가 자신의 움직임 속에 녹아 있다.

따라서 특별한 주의를 기울이지 않더라도 일이 가능하다. 오히려 도구나 동작에 주의를 기울이는 것이 운동 수행을 방해하는 셈이 되고, 그로 인해 운동이 단절되어 원활한 조작이 어려워진다. 게다가 숙련자의 작업 방식에서는 의식적으로 각각의 동작 순서를 잊은 채 동작하는 듯한 모습도 보인다.

그 증거로 기계의 조작 순서를 상세히 설명해 달라고 하면 바로 답하지 못하는 경우가 많다. 손이나 손가락을 어떻게 움직이는지 기술해 달라고 해도 답하지 못한다. 각각의 순서를 알지 못하지만 다른 생각을 하면서도 기계를 조작할 수 있다. 단편적 개별 운동이 연속적으로 나타나는 것이 아니라 전체적인 동작의 도식 같은 것이 완성돼 있으며, 이를 따라 행동이 자동적으로 진행된다. 초심자처럼 하나하나 자세한 곳까지 주의를 기울이지 않으므로 세부적인 부분을 소홀히 하게 된다.

매일 같은 작업 흐름 속에 어지간한 착오가 있더라도 그것에 주의를 기울이지 않고 평소 순서대로 일해버린다. 늘 하던 대로의 습관에 끌려 판단을 잘못하거나 순서의 착오나 탈락으로 인해 실수를 일으키고 만다. 숙련자가 판단 착오나 조작 실수를 저지르기 쉬운 것도 습관에 의존해 확인 절차를 생략한 것이 원인이다. '예전에 익힌 솜씨'가 도움이 되는 경우도 있지만, 오래된 습관에 의한 실수도 적지 않다. 숙련자라 하더라도 항상 초심자의 입장에서 확인, 점검을 소홀히 하지 않도록 유의해야 한다.

나이와 휴먼에러

인적 요인으로 귀속되는 에러를 휴먼에러라고 한다. 일본 중앙노동재해방지협회의 안전평가연구회에서는 이 에러의 형태를 다음의 다섯 가지로 분류하고 있다.

① 작업 정보가 올바로 제공, 전달되지 않았다: 정보가 주어지지 않았거나 표시 장소, 전달 방법이 부적당한 것에 의해 발생하는 에러.

② 인지, 확인 에러: 다른 것을 생각하고 있었기 때문에 제대로 보지 못하거나 듣지 못해 발생하는 에러, 거리 · 높이 · 빠르기 · 글자의 착오 등.

③ 판단, 결정 에러: 다른 용건이 끼어들어 그것에 주의를 빼앗기거나 상대가 알고 있다고 생각해 언급하지 않았기 때문에 생기는 에러.

④ 조작, 동작 에러: 일어섰을 때 비틀거리거나 현기증이 나거나 걱정거리나 다음 작업이 신경 쓰여 조작을 잘못하거나 조작을 빠뜨리는 에러.

⑤ 조작 뒤 확인 누락 에러: 확인할 예정이었던 것이 무엇인지 잊어버리고 누가 가르쳐주어야 비로소 에러를 알아차리는 예.

휴먼에러의 관점에서 정도가 심한 재해 사고를 연령별로 분류한 자료가 있다. 이것에 의하면 청년층은 대상물의 성질을 인식하고 있지 않아서, 중년층은 자기의 존재 위치 확인을 하고 있지 않아서, 고령층은 동작의 실패를 제대로 보완하지 않아서 에러가 발생하고 있다.

이들 특징을 앞서 말한 분류에 적용시켜 보면 판단, 결정 에러나 어긋남은 청년층에, 정보를 확인하지 않은 것에 의한 에러는 중년층, 조작, 동작 에러가 고령층에 집중해 있음을 알 수 있다. 조작, 동작 에러에는 자세의 흐트러짐, 동작의 누락이 조작 용구를 잘못 잡거나 착오를 하는 조작 에러와 함께 포함되어 있다. 자세나 동작의 난조는 나이를 먹음에 따라 나타나는 일반적인 현상이다. 하지만 숙련자인 중년층에게 이런 생리적 저하 현상과 동시에 정보 미확인에 의한 에러가 많다는 점은 문제이다. 보지 않고도 할 수 있다는 과신에 빠지지 말고 항상 초심으로 돌아가 세세한 데까지 주의하는 점검 작업을 계속하는 것이 바람직하다.

일에 착수하기 전에는 심호흡을 한다

소진 증후군

정력적으로 활발하게 일을 하고 있던 사람이 갑자기 무기력한 상태가 되는 경우가 있다. 생리적 징후로는 불면, 숨 가쁨, 체중 감소 등이 나타난다. 심리적 상태로 낙담, 정서 불안, 곤혹스러운 모습 등을 드러낸다. 미국의 저명한 정신분석학자 H. J. 프로이덴베르거(Freudenberger)는 심신이 극도로 피로한 이런 상태를 '소진 증후군(burnout syndrome)'이라 불렀다.

모터가 연기를 내면서 꺼지거나 전구가 갑자기 나가는 것을 표현하는 말이 번아웃(burnout)이다. 프로이덴베르거는 동료나 부하 직원인 사회 복지 종사자들에게 보였던 앞서와 같은 징후를 일에 대한 거부 반응, 환자에 대한 관심과 동정심 상실이라는 의미에서 '소진'이라는 이름을 붙인 것이다.

그 후 이 현상이 간호사 집단에서도 확인되고, 이를 보고하는 논문이 나와 많은 사람의 관심을 끌었다. 간호사의 경우는 중견 간부급보다 이상에 불타는 젊은 간호사에게 나타나기 쉽다고 한다. 학교에서 배운 간호와 현실의 간호 사이의 괴리와 더불어 인원 부족, 초과 근무, 교대 근무제 등 직장의 특수성이 이런 증후군을 만들어내는 요인이라 한다. 소진 증후군의 특징은 병실에서의 환자 간호 시간이 줄어들고, 환자의 증상에만 주목하고 환자를 가족처럼 살피지 않는 형태로 나타나는 때도 있는가 하면, 오히려 반대로 환자 간호에 전념하고 근무 시간 뒤에도 이런저런 핑계를 대고 직장에 남는 유형으로 나타나는 때도 있다. 그런 와중에 감기나 두통 등 신체적 증상을 겪으면 근무를 견디지 못하게 된다. 이런 초기 징후에서 죄의식이나 자기혐오를 특징으로 하는 다음 단계로 이동하고, 이윽고 본격적인 무기력 상태에 빠져든다.

소진 증후군이 보고된 것은 1970년 초기지만, 1980년대 들어서는 회사 관리직이나 중견 간부를 비롯해 여러 직무에서도 늘어나고 있는 현대병이라는 견지에서 '직무 소진(job burnout)'이라는 말이 사용되기 시작했다.

스트레스와 위궤양

소진 증후군이 화제가 될 무렵보다 20년이나 앞서 독일에서는 《매니저 병》이라는 책이 출간되었다. 미국에서도 J. V. 브래디(Brady)의 '관리자 원숭이의 위궤양'이라는 유명한 실험이 이루어졌다. 전자는 사업가나 대기업의 지도적 위치에 있는 관리자의 수명이 일반인보다 짧아지고 있다는 것, 협심증이나 부정맥 발생 빈도가 높다는 점을 지적한 것이다. 브래디의 원숭이 실험은 심리학 관련 책에 소개되어 있다. 알기 쉽게 말하면 원숭이 두 마리를 대상으로 하는 지레 조작 실험이다. 한 마리가 관리자 원숭이, 다른 한 마리가 평범한 원숭이 역할을 한다. 붉은색 등이 켜지는 자극이 제시되고 원숭이에게 전기 쇼크가 가해진다. 이 쇼크를 피하기 위해서는 지레를 누르지 않으면 안 된다. 평범한 원숭이의 지레는 아무리 눌러도 전기 쇼크를 피할 수 없다. 쇼크를 피하기 위해서는 관리자 원숭이의 지레를 조작해야만 가능하다. 따라서 관리자 원숭이는 늘 긴장하고 있어야 한다.

이 실험을 계속해 가면 관리자 원숭이는 10일 내지 20일 정도 사이에 태반이 죽는다. 해부해 보면 작은창자의 위쪽 벽에 구멍이 뚫려 있다. 실험을 쉬는 동안 진행한 위액 분비 조사에서도 휴게 시간에조차 상당한 양의 산 분비가 확인되었다. 즉 휴게 시간 중이라도 언제 전기 쇼크를 받을지 모른다는 불안함이 산 분비를 현저하게 촉진했던 것이다. 초조와 불안이 궤양을 만들고 결국 단명하게 했던 이 실험을 동물의 경우라고 웃어넘길 수 없다.

제2차 세계대전 말기, 남방의 제일선에 종군하고 있던 일본 비행대원이 막상 출격할 순간이 되면 복통이나 두통, 현기증을 일으켜 급히 교대하는 사례도 속출했다고 한다. 눈부신 전과를 올리고 싶다고 생각하는 반면에 죽고 싶지 않다는 정신적 갈등이 심신증 징후를 일으켰던 것이며, 똑같은 예는 캐나다의 낙하산 부대 병사들에게도 보였다고 한다.

이완 기법

최근 정신적 스트레스로 생기는 질병이 하위 관리 · 감독자 층으로까지 확산되었다. 과장, 계장, 반장 등은 최고 경영자의 이윤 추구, 생산성 향상, 안전 관리, 합리화 등의 엄격한 요구와 부하 직원의 높은 보수, 노동시간 단축, 안전한 작업 확보 등의 상반된 요청 사이에 끼여 있다. 이 때문에 신경질적이고 내향적인 사람이 적응 장애를 일으키는 사례가 많다. 그 결과 심장병, 당뇨병, 고혈압, 불면 상태가 된다. 이런 질병은 중간에 끼여 있는 상황 때문에 일어나므로 '샌드위치 증후군'이라 부르기도 한다. 치료법은 샌드위치 상황에서 벗어나게 하는 것이다. 과장으로 승진한 사람이 중압감을 이겨내지 못해 앞서 말한 징후를 나타냈다. 그러나 그 직위에서 해방되면 바로 병이 낫는 예는 많다. 하지만 이런 방법은 아무래도 일시적이며 소극적인 치료법이다.

확실히 우리 주위나 직장 환경에는 업무 평가, 인사이동, 일의 난이도, 인간관계, 소음 등의 물리적 환경 조건으로 인한 스트레스 유발 자극(스트레서)이 많이 존재한다. 이들 스트레서에 일일이 사로잡혀서는 사회생활이나 가정생활을 원만하게 유지할 수 없다. 스트레서와 맞닥뜨리더라도 적당히 받아들여 흡수할 필요가 있다.

임상에서는 스트레스의 저항력을 높이고 스트레서를 흡수하는 훈련 방식이 많이 실시되고 있다. 그 대표적인 것이 자율 훈련법, 근 이완법, 인지 요법, 사이버네이션(cybernation) 요법, 바이오피드백 요법, 요가, 좌선 등이다. 여기서는 이들 방법에 대해 자세히 이야기할 여유가 없으므로 관련 전문서나 입문서를 참고하도록 하고, 이들 방식에 공통되는 기반 문제만 언급해두고자 한다. 그것은 자기 자신을 평정 상태에서 응시하면서 스트레스의 원인이 무엇인지를 가려내는 자기 이해력을 익히고 자기 제어력을 강화하는 것이다. 이를 위해 온몸의 근육을 이완시키고 긴장을 푸는 데 마음을 쏟는다.

심호흡하며 눈 감기

정신적 긴장이 오래 이어지면 에너지를 소모한다는 사실이 생리학적 실험에 의해 알려져 있다. 부신 피질 호르몬이나 아드레날린 등의 자극 호르몬이 적극적으로 분비되므로 산소 소비가 늘어나 흥분 상태와 같아진다. 일산화탄소 중독으로 산소 결핍증이 되면 자제력이 사라지고 화를 내기 쉬워져 격정적이 된다고 알려져 있다. 정신이 피로하거나 과도한 긴장 상태의 증상이 바로 일산화탄소 중독과 똑같이 나타나는 것이다. 따라서 이들에 대한 대책으로 산소 공급이 중요하다.

일반적인 건강 체조는 가장 마지막에 항상 심호흡 운동을 한다. 이는 생리학이나 심리적으로도 이치에 맞다. 심호흡에 의해 1,000~3,000세제곱센티미터의 공기가 새로 들어와 신선한 산소를 공급해 실제로 생체 피로를 경감할 수 있기 때문이다. 그와 동시에 심호흡은 온몸의 근육을 이완시키고 긴장을 제거하는 유효한 방법이다.

자율 훈련법이나 좌선 등은 앉은 자세로 조용히 눈을 감고 신체 각 부분의 긴장을 없애는 훈련이 우선 이루어진다. 눈을 감은 채 호흡을 조정하고 근육의 긴장을 해소하는 행위는 외부 자극에서 자신을 분리하고 뇌의 흥분을 가라앉히며 편안한 마음을 만드는

데 도움이 된다.

휴먼에러에는 인지, 확인 에러와 판단, 결정 에러, 조작, 동작 에러, 피드백 에러 등 여러 가지 형태가 있다. 당황해 놓치거나 의식적으로 억제할 수 없는 경우, 긴장으로 너무 굳어져 동작이 마음대로 되지 않는 경우도 있다. 혹은 확인하려고 했으나 그만 잊어버렸다 등이 그 대표적인 사례이다. 이런 실수에는 심호흡을 하고 눈을 감는 정신 안정법이 도움이 된다. 무거운 물체를 운반하기 전 심호흡을 하는 것이 도움이 된다는 사실은 경험을 통해서도 잘 알 수 있다.

상사에 대한 불만을 털어놓기 전, 어려운 작업에 착수할 때, 작업 뒤 점검하는 경우 등에 가볍게 눈을 감고 심호흡을 해서 대상을 새롭게 보거나 기계를 조작하는 습관을 반드시 익혀두는 것이 바람직하다.

봐야 할 것을 보자

주의의 선택

예를 들어 우리가 어떤 잡지를 정기 구독하고 있다고 하자. 대부분의 잡지는 해가 바뀌면 표지를 비롯해 레이아웃 등 체재를 바꾸는 경우가 있다. 하지만 어디가 어떻게 바뀌었는지 정확히 아는 독자는 별로 없을 것이다.

이처럼 우리는 대상을 보고 있는 것 같으면서도 의외로 보고 있지 않다. 시야에 들어오는 대상 전부를 포착하고 있다고 느끼겠지만 실은 그렇지 않다. 특정한 것에 초점을 맞추거나, 어느 하나를 취사선택해 보고 있는 것이다. 이 현상을 주의의 선택이라 한다.

그럼 어떤 것이 선택되고 어떤 것이 버려지는 것일까? 선택 기준은 보고 있는 대상의 성질과 보는 사람, 이 두 가지 요인에 따라 달라진다. 크기가 작고, 앞쪽에 있으며 생각을 떠올리기 좋은 형태거나, 반복적이라면 바라보는 대상으로 선택되기 쉽다. 표지에 인쇄되어 있는 글자나 제목 등이 바로 그것이다. 이런 내용을 지각 심리학에서는 전경이나 형태라고 한다.

이에 대해 앞서 말한 조건과 반대, 즉 크고 뒤쪽에 있으며 애매해 보이는 것은 뒤로 후퇴해 확실히 지각되지 않는다. 이것을 배경이나 바탕이라 한다. 잡지 이름이 인쇄된 표지 전체나 흰 여백이 이에 해당한다.

보통 우리는 전경이나 형태를 지각 대상으로 삼지만, 이것을 부각시키기 위해 바탕이나 배경이 드러나지 않게 작용하고 있는 셈이다. 따라서 양자의 조건을 명확하지 않게 하면 대상이 명료하게 인지되기 어렵다. 예컨대 표지 가득 커다란 활자로 잡지 이름을 인쇄하는 경우가 그것이다.

취사선택의 기준

주의 선택의 둘째 기준은 지각 주체의 심리적 요인이다. 바라보는 사람의 욕구, 가치, 태도, 과거 경험, 감정 상태 등의 요인이 관계된다. 특정한 것에 대한 욕구가 강해지면 그 대상은 크고 강한 인상을 자아낸다. 야구에 흥미가 없는 사람은 스포츠 기사에 "이치로, 야구계 최고 조건으로 계약 갱신"이라는 제목이 실려 있어도 돌아보지 않는다. 재테크에 바쁜 사람은 은행이나 신용금고의 간판이 눈에 잘 띌 것이다. 안전 담당자의 눈에는 신문의 사고 기사가 맨 먼저 들어온다.

선전 광고의 법칙 중 '아이드마(AIDMA) 법칙'이라는 것이 있다. 소비자의 주의(attention)를 환기하고, 흥미(interest)를 일으키며, 원하도록 욕망(desire)하게 하고, 기억(memory)하게 하며, 구매 행동(action)을 구체적으로 일으킨다의 머리글자이다. 광고가 강한 호소력을 지니고 있지 않으면 사람들의 주의도 끌 수 없으며 선전하는 상품도 팔리지 않으므로 광고물에 꼭 포함해야 하는 사항을 의미한다. 전철 안에서 흔히 볼 수 있는 잡지나 책 등의 광고는 이 아이드마 법칙에 의거해 제작된 것이 많으며, 보는 사람들의 구매욕을 불러일으킨다.

공장이나 현장에서는 '재해 속보'라거나 '중대 사고' 등의 인쇄물이나 회람이 게시되는 경우가 많다. 이들 가운데는 형식적이고 틀에 박힌 기사도 적지 않다. 하지만 이래서는 사람들의 눈을 끌지 못한다. "20대의 사고 ㅇㅇ현장에서 발생!"이라고 써도 젊은이는 주목하지 않는다. "죽고 싶은 사람은 보라!" 차라리 이렇게 적는 쪽이 주의를 환기시킬 수 있어 더 효과적일 것이다. 사람들에게 호소하고 싶은 사항을 문장으로 상세하게 표현하고 싶겠지만, 많은 내용을 집어넣는 것은 오히려 역효과로 이어지기 쉽다. 가능한 한 여백을 많이 살리는 것이 주의를 끌기 쉬워진다.

감정과 지각

"유령의 정체를 알고 보니 마른 참억새"라는 말이 있다. 무섭다, 무섭다 하고 생각하면 바람에 흔들리는 참억새도 유령처럼 보인다. 정서적으로 흥분하고 있을 때나 정신적 긴장이 높아지고 있을 때는 마음의 여유가 없으므로 재검토와 확인, 점검 동작이 생략된다. 그래서 대상을 잘못 보거나 잘못 듣는다. 그리고 이런 상태는 정신적으로 불안정해져 있을 때도 나타난다. 한시 빨리 이 불안정한 상태를 해소하고 안정된 상태로 돌아가자고 생각한다.

그래서 각종 행동을 일으키거나 그 장소에서 도피를 시도한다. 남의 욕을 하거나 타인에게 화풀이를 하거나 기계를 두드린다. 또는 비몽사몽간의 상태로 엉뚱한 방향을 물끄러미 쳐다보기도 한다. 백일몽이나 의식의 우회 현상이다. 그야말로 "마음이 여기에 있지 않으면 보더라도 보이지 않고 들어도 들리지 않는다."는 것이다.

공상이나 회상에 빠져 있는 현상도 이와 같다. 곤란한 장소에서 벗어나 긴장이 높아지는 것을 막고 현실에서 도피한다는 소극적 해소법에 의해 안정성을 되찾으려는 것이다.

이런 상태로 잘 알려져 있는 것이 바로 '일점 집중 현상'이다. 자신이 하고 있는 일의 어느 하나에만 과잉 집중해 주위를 돌아보지 않는 것을 말한다.

그래서 위험한 상태가 뒤따르거나 비정상 상태가 발생해도 그것에 주의를 기울이지 않는다. 하고 있는 일의 능률은 높더라도 주의를 기울이는 범위가 축소돼 있기 때문에 안전하지 않은 상태라 할 수 있다. 이 현상은 자신이 좋아하는 일이나 흥미 있는 일에 열중하고 있을 때 발생하기 쉽다. 감정이 고조되고 활동 수준도 고양되어 있지만 주위를 바라보는 여유가 없으므로 장기간 이 상태가 계속되는 것은 좋지 않다. 어느 한 점에만 주의를 과잉 집중하지 말고 적당하게 주의 집중하도록 해야 한다.

보는 훈련

대상을 정확하게 지각하기 위해서는 너무 흥분하지 않도록 할 필요가 있다. 이른바 정신건강을 유지하는 것이 필수 요건이다. 그와 동시에 신체의 건강을 생각하는 것도 중요하다. 왜냐하면 피로할 때나 몸이 좋지 못할 때, 수면 부족이나 숙취가 있을 때는 신경 활동이 둔해져 환경에 대한 지각력이 저하하기 때문이다. 주의력이 미치는 범위나 지속 시간도 정상 시에 비해 격감한다. 따라서 이런 징후가 작업자에게 보인다면 위험 작업이나 정보를 읽어내는 작업으로부터 분리해야 한다. "눈동자 확인"이라는 표어는 바로 이것을 의미하는 것이다. 현장 제일선의 감독자는 출근한 부하의 얼굴을 보고 그의 생리, 심리적 특징을 파악할 필요가 있다.

이 정도면 됐다는 과신은 숙련자나 전문가에게서 많이 나타나는데 이는 아주 위험하다. 낯익은 환경에서 조작에 익숙한 기계를 작동할 때 확인 순서를 생략하고 작업에 착수하는 경우가 많다. 그래서 평소와 다른 상태나 경계 정보가 나오고 있더라도 그것을 알아차리지 못한다. "습관에 끌리는 바람에 판단을 잘못한다."거나 "실수를 알아차려도 너무 무서워하는 바람에 행사 뒤의 나팔격." 같은 오류가 숙련자에게 많은 것도 "잘 알고 있으니까." 하고 확인을 소홀히 한 결과이다.

항상 초심자의 마음을 잊지 말고 환경을 정확하게 보려는 노력을 게을리 해서는 안 된다. 그를 위해서는 평소 보는 훈련을 할 필요가 있다. 가장 손쉬운 것은 주변 어디라도 좋으니 봐야 할 대상을 한곳 정하고 속으로 하나에서 다섯까지 헤아리면서 그 대상을 보는 방법이다. 다섯까지 헤아렸다면 무엇이 있었는지를 메모해본다. 아마 대상을 막연히 쳐다보았으므로 메모할 내용은 적을 것이다. 다음에는 같은 장소를 같은 시간 동안 보는데 이번에는 대상을 좌우 두 영역으로 구분해 왼쪽에는 무엇이 있고 오른쪽에는 무엇이 있는지를 본다는 생각으로 바라본다. 이어 세 번째는 보았던 대상의 색깔이 무슨 색이었는지를 알아보려는 생각으로 본다.

이렇게 되풀이해 대상을 보고 그것을 보고하는 연습을 반복하면 주의력이 높아진다. 이 연습을 2인 1조로 짝을 이루어 서로 본 것을 이야기하고 누락된 부분들을 지적하면 관찰의 정밀도가 배가된다.

제6장

사고는 궁리하면 막을 수 있다

맨손으로 걷지 않는다

머리 위 주의

우리는 '낙석 주의'라는 문구를 흔히 본다. 하지만 이처럼 머리 위를 조심하라는 경고는 적당하지 않다. 아무리 운전자가 주의하고 있더라도 산 위에서 갑자기 돌이 떨어진다면 피할 수 없다. 이런 표지판을 내걸기보다는 낙석이 발생하지 않도록 비탈면을 다지거나 그물로 감싸는 등의 예방이 선행되어야 한다. 필자가 자동차로 산기슭 도로를 달릴 때면 항상 하는 생각이다.

주의하라고 경고했으니 피해를 입어도 책임이 없다는 회피성 예방책이 아닐까 혼자 추측해 보기도 한다. 확실히 표지판이 보이면 부근에 낙석이 많다는 사실을 운전자에게 환기하는 효과는 있다.

하지만 재난은 안심하고 있을 때 갑자기 하늘에서 내려오는 것처럼 일어나는 때가 있다. 고속도로 아래의 일반 도로를 주행하고 있는 사람은 설마 상부 도로에서 자동차가 떨어지리라고는 생각하지 않는다. 주의력은 전방에 집중될 뿐이다. 그러나 과속하던 자동차가 고속도로의 방책을 넘어 떨어지는 바람에 하부 도로를 주행하던 자동차를 깔아뭉개 쌍방의 차량에 탔던 사람들이 사망했다는 신문 기사도 드물지 않게 본다. 곁에 달리고 있던 트럭의 화물칸에 실린 짐이 떨어지고, 그 자재들이 뒤따르던 차의 운전석에 꽂혀 운전자가 사망하는 사고도 있었다. 이런 재난은 예상도 할 수 없는 경우이다.

요즘 들어 낙하물에 의한 피해 사고뿐 아니라 낙하하는 사람에 의한 사고 역시 많이 일어나고 있다. 즉 투신자살자에게 맞거나 건물 옥상에서 청소 작업 중이던 사람이 잘못해 낙하하는 바람에 그와 함께 통행인이 사망하는 사고가 그것이다.

머리 위, 무력 지대

이런 사고 사례를 보거나 들을 때 대부분의 사람은 왜 피하지 않았을까, 기척이나 소리로 위험이 다가오는 것을 알 수 있지 않았을까 하고 생각한다. 필자도 처음에는 그렇게 생각했다. 하지만 연구실에서 십수 년 전부터 시작한 '낙하물에 대피 행동'의 실험 결과를 통해 생각을 달리하게 되었다. 이 실험의 일부는 일본의 몇몇 텔레비전 방송국에서 소개되었다. 그리고 그 후 새롭게 알게 된 것도 있으므로 이들을 한데 묶어 이 문제를 생각해보고자 한다.

연구실 건물 외벽에 학생을 한 명 서 있게 한다. 그 뒤 학생의 머리 위 7미터 정도 높이인 3층의 작은 창문에서 30세제곱센티미터의 낙하물(검은색으로 칠한 발포 스티로폼 덩어리로 무게는 460그램이다)을 떨어뜨려 그때의 행동을 사진이나 16밀리미터 필름으로 촬영해 기록하는 실험이다. 현재까지 300명 이상을 대상으로 실험을 진행했는데, 낙하 중심점에서 멀리 달아난 사람은 20퍼센트 미만이다. 나머지 80퍼센트 이상은 낙하물에 직접 맞거나(맞는다고 해도 실제로는 본인의 머리 위에 얹힌 것처럼 되고 직접적인 손해를 끼치지 않는다), 달아나더라도 낙하 중심점에서 50센티미터 이내로 대피하는 사람이 압도적으로 많다.

실험에 참가한 각각의 피험자들은 행동 특징을 통해 다음과 같은 유형으로 구분할 수 있다.

① 방어 자세를 취하는 유형: 머리를 감싼다. 두 손을 내밀어 머리 위로 떨어지는 낙하물을 받을 것처럼 한다. 상반신만 움직여 피

하면서 낙하물을 받을 것처럼 한다. 손을 얼굴이나 머리로 가지고 간다.

② 방어 자세를 취하지 않는 유형: 경직되거나 그 자리에 웅크린다. 머리나 얼굴만 조금 움직인다.

③ 그 자리에서 빨리 빠져나가려고 재빠른 동작을 취하는 유형.

이 실험은 피험자에게 가장 친근하고 익숙한, 자신의 이름을 부르는 것에서부터 시작한다. 자신의 이름이 불리면 대부분의 사람은 소리가 나는 쪽을 본다. 실험 조수가 3층 창문에서 부르고 있으므로 그쪽을 올려다볼 것이다. 그와 동시에 낙하물이 떨어진다. 낙하물은 새까맣게 칠해져 무거워 보이고, 위압적 효과가 충분하다. 실험 대상이 된 여성은 두 번 생각하지 않고 비명을 지른다. 피하지 않으면 안 된다고 생각하면서도 낙하물을 그냥 쳐다보기만 하는 사람이 많다. 다음에 어떤 행동을 취하지 않으면 안 된다고 알고 있으면서도 그 동작을 취하지 못한다. 깜짝 놀라 몸이 위축되고 적절한 행동을 할 수 없게 된다. 낙하 시간은 1~2초인데 이 짧은 시간에 적확한 대피 동작을 취한 사람은 앞서 말한 것처럼 20퍼센트가 되지 않는다. 필자도 몇 번이나 피험자가 되어보았다. 그때마다 도망치자고 생각하면서도 낙하물에 손을 내밀어버리거나 낙하 중심점에서 벗어나지 못했다.

갑작스러운 상황이라고는 해도, 이 실험에서는 낙하물을 알아차릴 수 있었다. 하지만 실험 결과는 대부분의 사람들이 적절하게 대피하지 못하는 것으로 나타났다. 게다가 투신자살자가 머리 위에서 떨어질 때나 건물의 외벽이 붕괴하는 경우는 작은 소리가 들릴지 모르지만, 그때도 피할 수 없을 정도로 낙하물의 속도는 빠르다.

가방과 대피 거리의 상관관계

위를 올려다보는 자세를 취하면 몸의 균형이 무너진다. 예컨대 직립 자세에서 바로 위를 올려다보면 두부를 뒤로 젖히기 때문에 중심은 뒤쪽으로 기울어지며, 그 균형을 유지하기 위해 많은 사람들이 한쪽 발을 뒤로 내민다. 그때 낙하물을 보면 다음 대피 동작과 방향은 발을 내뻗은 뒤쪽으로 이끌리기 쉽다. 뒤로 뛰는 것은 당연히 앞으로 달리는 것보다 어렵다. 실험 결과에서도 전체의 60퍼센트가 후방으로 달아나고, 그 대피 거리는 정면이나 왼쪽 전방으로 달아난 거리의 약 절반 정도로 짧았다. 발의 운동 특성상 전방으로 뛰는 것이 쉬운 점도 있다. 게다가 대피 거리를 길게 하려고 할 때는 전방으로 달아나야 한다고 결론이 내려지기 때문으로도 보인다.

이제 이번 제목에 관해 이야기할 차례다. 실험 결과 의외의 사실을 발견할 수 있었다. 여성에게 핸드백을 어깨에 메거나 손에 작은 가방을 들게 해봤다. 실험 전에는 가방이 부담스러워 피하기 더 어려워질 것으로 예상되었다. 하지만 맨손일 때에 비해 대피 거리는 오히려 길어졌고, 그 거리도 남성 실험자와 거의 같아졌다(맨손일 때는 남성 쪽이 길다). 실험이 끝난 뒤 피험자에게 손에 뭔가 가지고 있었던 것이 심리적으로나 생리적으로 안정된다는 피드백을 받았다.

필자도 보통은 가방을 가지고 다니므로 빈손은 어색할 때가 있다. 이럴 때 책 한 권이나 신문이라도 들면 안정감을 느낄 수 있다.

이 상태는 심리적 긴장의 메커니즘과 관계가 있는 것으로 보인다. 맨손이라는 조건은 좋게 말하면 편안한 상태지만, 정신적 긴장 측면에서는 이완 상태다. 극단적으로 말하면 정신이 느슨해져 야무지지 않은 상태인 것이다. 이럴 때는 긴급 사태에 대처하려 해도 민첩한 행동을 취할 수 없다.

도움의 부재

초기 한 번에 한 명의 피험자에게만 단독으로 실시했던 낙하물 실험을 몇 년 뒤부터는 복수의 사람을 대상으로 실시해보았다. 예컨대 동성끼리의 짝, 이성끼리의 짝, 자식과 부모의 조합 등이다. 실험 전에는 남녀 짝의 경우 남성이 기사도 정신을 발휘해 여성을 감싸든가 급히 달려와 상대를 도울 것으로 예상했다. 하지만 실험 결과, 이런 행위를 한 남성은 한 사람도 없었다. 두 사람이 있는 경우에는 반드시 분수의 물줄기처럼 반드시 서로 반대 방향으로 갈라졌다. 이 실험 이후에 "나를 도우러 오지 않다니, 당신은 너무 해."라며 상대의 행동을 비난하면서 헤어진 커플도 있었다.

이성 커플보다 더욱 가혹했던 것은 부모 자식 간 실험 결과였다. 상식적으로는 부모가 자식을 도울 것이라 여겨졌다. 그러나 자식을 도우려고 방어 자세를 취하거나 자식 위로 몸을 날려 덮은 부모는 한 사람도 없었다. 모두 자신만 낙하 중심점에서 달아나고 자식은 그대로 두었다. 남녀 커플과 마찬가지로 "어머니는 어째서 나를 도우러 오지 않았어요?" 하고 비판을 받았지만 어느 부모도 항변할 수 없었다.

긴급하고 비정상인 상황이지만 시간적 여유가 있으면 어떤 식으로든 자신을 희생해 자식을 도울 수도 있다. 하지만 낙하물 실험처럼 순간적 위험 상황에서는 인간은 자신의 몸을 지키는 것이 고작이다. 남이 도우러 오리라 생각하는 것은 금물이다.

가상현실을 이용한 실험

낙하물에 대한 실험은 그 후 가상현실을 사용한 새로운 형태로 전개되었다. 앞의 낙하물은 발포 스티로폼제로 무게가 가벼워 만약 피험자에게 부딪치더라도 다칠 우려는 없다. 그러나 상당한 위협을 주는 것은 사실이다. 또한 460그램이라는 가벼운 무게 때문에 피험자의 신체 중심까지 한결같은 자극이 가해지지 않는다는 결점도 있었다. 이런 문제점을 극복하고 새로운 시도를 일본에서 최초로 한 사람은 신홍선(申紅仙) 박사이다.

그녀는 필자의 지도 아래 릿쿄 대학교 대학원에서 5년 동안 재학하면서 이색적인 연구를 했다. 피험자에게 HMD(head-mounted display)와 서포터(supporter)를 붙이고 여러 가지 가상공간을 제시한다. 건물의 천장에서 갑자기 전구가 낙하하거나 도로에 서 있으면 차가 돌진해 오는 상황이다.

281명을 대상으로 총 일곱 가지 방법으로 실험한 결과 여러 가지가 판명되었다. 낙하물에서부터의 대피 거리를 보면 남성 피험자의 평균은 44.19센티미터, 여성의 대피 거리는 38.64센티미터였다. 여성 피험자의 경우 손이나 팔을 사용해 머리와 얼굴을 지키려는 행동이 많이 보였다. 고령인 실험군(60대)은 나이가 젊은 실험군(20대)에 비해 대피 가능한 공간이 있는 방향으로 대피하지 못하거나 환경 변화에 따른 행동을 취하기 어려웠다. 이 결과는 고령자층이 젊은 연령대에 비해 사고와 마주치기 쉽다는 점을 시사한다.

신 박사가 진행한 연구의 특징이자 중요한 점은 가상현실을 사용한 것 외에 종래의 연구가 현상적 왼손잡이와 오른손잡이(단순히 오른손잡이냐 왼손잡이냐 하는 것)만 구별했다면 이번에는 잠재적 왼손잡이와 오른손잡이의 개념을 도입했다는 데 있다. 예컨대 팔짱을 꼈을 때 왼팔이 위에 오거나, 깍지를 꼈을 때 왼손 엄지가 위에 오는 사람을 잠재적 왼손잡이라고 부른다. 잠재적 왼손, 오른손잡이 지표에 대해 최초로 기술한 사람은 루리아(Luria)였다. 일본에서는 팔짱 낀 모습을 통해 잠재적 왼손잡이를 구분하는 것이 가장 정확도가 높았다는 보고가 있다.

이 잠재적 '오른손잡이', '왼손잡이'를 구별하기 위해 '팔짱 끼기'나 '깍지 끼기'에서 '오른쪽'이라고 답한 사람을 R-type이라 부르고, '왼쪽'이라 답한 사람을 L-type이라 부른다. 신홍선 박사의 연구에서 중요한 시사점은 R-type인 사람의 태반은 왼쪽으로 달아났다는 것이다. 선행 연구에서는 대피 행동의 결과를 현상적 왼손잡이와 오른손잡이로만 분류했으므로 대피 방향과 왼손잡이, 오른손잡이의 관계를 지적하면서도 의미 있는 차이점을 거의 발견할 수 없었다. 따라서 대피 방향을 예측하기도 애매했다. 하지만 신홍선 박사의 연구는 잠재적 왼손잡이, 오른손잡이와 대피 방향에 대해 명확한 관계를 유도했다는 데 커다란 의의와 특색이 있다.

잠이 부족할 땐 노래를 흥얼거린다

차 안의 합창

A 교수에게서 다음과 같은 이야기를 들은 적이 있다. 타국에서 유학 중인 한 일본 학생이 말도 통하지 않고 고향에 대한 향수가 점점 심해져 노이로제에 걸릴 것 같았다. 이런 학생을 모아 렌터카에 태우고 교수가 자동차를 운전한다. 차창을 전부 닫고 차 안에서 학생들에게 일본어로 일본 노래를 커다란 소리로 부르게 한다. 한두 시간가량 자동차를 운전하고 있으면 지금까지 의기소침하던 대부분의 학생이 거짓말처럼 생기발랄해졌다고 한다.

노래를 부르는 것이 카타르시스(정화 작용)로 이어진 것이지만 이 이야기가 시사하는 바는 매우 크다.

일본에서는 가라오케가 붐이다. 노래를 좋아하는 것은 좋지만, 소음 공해라든가 마이크를 서로 빼앗다가 살인 사건이 발생하게 되면 문제는 심각해진다. 일본의 한 은행이 가라오케 붐을 이용해 대기실에 가라오케 세트를 준비했지만 이용하는 사람이 전혀 없어 부랴부랴 철거했다는 기사가 난 적이 있다. 왜 사용하지 않았는지 그 이유를 들어보니, 아무리 가라오케가 좋아도 대낮부터 술도 마시지 않은 채 노래할 수 없다는 것이었다. 바로 시간과 장소, 상황을 고려하지 않아 실패한 사례라 할 수 있다.

술로 적당히 이성을 잃었을 때 배경음악과 더불어 나오는 노랫소리는 노래 부르는 본인에게 도취감을 주기에 충분하다. 마치 무대에서 풋라이트(각광)를 받는 가수가 된 듯한 기분을 느껴 현실의 괴로움이 모두 떨쳐진 듯한 쾌감을 느끼게 한다. 이를 보면 조직에서 진행하는 단합 대회 등에 노래자랑이 인기를 끄는 것도 일리가 있다.

긴장이 풀어진 뒤의 사고

일본 JR 기관사의 사고 사례를 조사한 보고가 있다. 기관사의 근무 형태는 그 시간대나 계속 근무시간이 불규칙한 가운데 근무 주기별 재해 발생률에서 커다란 차이가 발견되었다. 즉 15일 이하의 근무 주기에 대비해보면, 재해 발생률이 16~19일 주기에서는 2.6배, 22일 주기 이상이 되면 7.4배나 된다. 이 사실은 주행하는 노선이나 구간, 운전하는 열차 등에 각기 독특한 특징이 있으며 기관사가 그것을 일일이 기억하는 데 한계가 있음을 시사한다. 근무 주기가 길어지면 기억을 환기하는 데 시간이 걸리거나 잊혀서 안전하지 못한 행동을 일으키는 것은 아닐까 추론한다.

나아가 이들 근무 형태 가운데 어떨 때 사고가 다발하는지를 조사해보면 ① 곤란한 일이 끝난 뒤, ② 연속 야간 근무 뒤, ③ 반환점을 돈 뒤, ④ 예정을 변경한 뒤, ⑤ 오랜 휴일을 보낸 뒤, ⑥ 중간에 기다리는 시간이 빈번할 때, ⑦ 종착역에 가까워진 경우 등이었다. 공통점은 오랜 정신적 긴장 뒤 그것이 풀어져 한숨을 돌린 이완 상태가 되었다든가, 작업에 대한 워밍업이나 마음가짐이 제대로 갖추어지지 않은 때 사고가 발생한다는 것이다.

마루야마 야스노리(丸山康則)는 '졸음과 사고'의 관계를 승무원이나 운전 관련 업무 지도 · 관리자, 버스와 택시 운전사, 트럭 운전사 등을 대상으로 조사하고 그 결과를 학회에서 발표했다. 그 결과에 의하면 JR 사고에서 졸린 시각으로 지적된 시간대는 심야에서 이른 아침과 오후 1시~2시 두 번이었다. 사고 발생 시각도 이 시간대와 많이 일치한다. 졸음을 재촉하는 조건으로는 저속, 오르막,

긴 직선 구간, 화물, 사행(蛇行) 운전 도중 등이 거론되었다.

한편 버스와 택시, 트럭 운전사를 대상으로 한 조사 결과에서도 졸음이 찾아오는 시각이 심야, 이른 아침, 점심 식사 직후였다. 하지만 버스의 사고 발생률은 정오 무렵이 높고, 택시는 심야, 트럭은 이른 아침, 일반 운전사는 점심 뒤 등이 높은 특징이 있었다. 여기에는 각각의 운전 상황이 반영되었기 때문으로 보인다.

졸음 대책

앞서 말한 조사에서 졸음이 오는지 미리 알 수 있다고 하는 사람의 비율은 버스 68퍼센트, 택시 78퍼센트, 트럭 66퍼센트, 일반 운전자 63퍼센트 등 60퍼센트 이상이다. 졸음 방지를 위한 구체적인 대책으로는 휴식이나 신체 상태 관리, 그리고 운전 중 단조로움을 예방하기 위해 껌을 씹는다, 라디오를 듣는다, 머리를 돌린다 등이 있었다. 졸음을 쫓기 위해 체조를 하거나 선 채로 있기, 환기나 세면, 음료 마시기, 흡연처럼 일반적인 방법을 사용하고 있었다.

이런 방법에 덧붙여 필자가 추천하고 싶은 방법은 처음에 밝힌 것처럼 큰 소리로 노래를 부르는 것이다. 필자 역시 이 방법으로 졸음을 여러 차례 극복한 적이 있다. 고속도로 등을 주행하다 주차가 곤란한 상황에서 졸음이 엄습할 때는 창을 넓게 열어 얼굴에 바람을 쐰다. 그래도 안 될 때는 머릿속에 떠오르는 유행가를 부르거나 과거에 배운 노래를 큰 소리로 부르면 졸음이 가신다.

교대 근무제를 실시하는 공장에서 심야에 졸음이나 단조로움, 쓸쓸함 등이 엄습할 때는 노래를 흥얼거려보면 어떨까. 일이 끝나 한숨을 돌리고 휴게소로 돌아가는 도중 도구를 떨어뜨리는 경우도 많다. 작업 종료 시간이 다가올 때, 목표에 가까워질 때는 긴장을 놓기 쉽기 때문에 오류가 발생할 가능성이 높아진다. 이런 때 작업자 자신의 각성 수준을 높이기 위해 큰 소리로 외치게 하거나 대상을 향해 손가락으로 가르치는 것이 효과적이다.

개별 사업소에서 실시되고 있는 '손가락질과 고함'은 주의 수준을 높이는 데 적합한 방법이다. 즉 대상을 손가락으로 가르치면 작업자 자신을 대상이 있는 방향으로 향하게 된다. 심리적 측면에서 손가락의 연장선이 자신의 연장선으로 존재하는 셈이므로 대상을 정확하게 인지할 수 있게 된다.

동시에 고함은 발성을 수반한다. 커다란 소리를 내고 입 주위나 뺨 등의 깨물근(咬筋)을 자극하는 근육 운동은 대뇌 활동을 활발하게 해 의식의 긴장을 높이거나 힘을 발휘한다는 사실이 생리학적, 심리학적 실험에 의해서도 확인되고 있다. 운동부 선수가 달리기나 조깅 중에 "하나둘, 하나둘" 하고 외치며 기합을 넣는 것 역시 이치에 맞는 방법이다.

휴양이나 신체 상태 관리, 피로 대책을 충분히 갖춘 채 졸음이 몰려오지 않도록 예방 조치를 강구해야 한다는 점은 더 말할 나위 없다. 그러나 어떤 대책이 나오더라도 졸음 발생을 완전히 막을 수는 없다.

이럴 때 주위 작업자를 당황스럽게 하지 않는 장소라면 소리를 내어 노래를 불러보는 것은 어떨까. 작업 종료 장소에서 휴게실까지 노래를 부르면서 돌아오게 해 효과를 거둔 공장의 사례도 있었다.

사람이나 물체에 너무 가까이 가지 않는다

B석은 싫어

신칸센 보통 차량의 경우 B석을 받으면 우울해진다. 이 자리에 앉은 경험이 있는 사람이라면 동의하겠지만, 이 좌석은 3인석의 가운데 자리이다. 왼쪽에 위치한 창밖의 풍경을 보려고 하면 통로를 보는 창가 쪽 사람의 시선과 부딪치고, 통로 쪽을 보려고 하면 창밖 풍경을 보려고 하는 사람의 시선과 교차한다. 매우 거북한 자리다.

거북한 것은 시각적 상황뿐이 아니다. 팔걸이에 팔을 놓으려 해도 옆자리 사람이 이미 점령하고 있다. 적에게 둘러싸인 느낌이 들어 3시간 이상 이 자리에 앉아 가는 것은 고통이다. 하지만 이것이 A석이나 C석이라면 느낌이 다르다. 창밖의 풍경을 보는 것도 좋고

통로를 오가는 사람의 모습을 보며 재미있는 시간을 보낼 수 있다.

갈은 사정은 2인석인 D석과 E석도 마찬가지이다. 2인석일 때는 창 쪽을 보든 통로 쪽을 보든 3인석의 가운데 자리와 같은 불안감은 생기지 않는다. 자신의 영역이 확고하게 정해진 느낌이라 편안하게 앉아 있을 수 있다.

승용차의 뒷좌석 가운데 자리도 마찬가지이다. 가운데로 차축이 지나가기 때문에 발을 놓기도 불안정할뿐더러, 양쪽에 앉은 사람 사이에 끼어 있어 앉음새도 거북하다. 따라서 뒷좌석에서 이 자리는 보통 일행 중 가장 지위가 낮은 사람이 앉는 경우가 많다.

가장 끝에서부터 채워지는 자리

과거에 필자는 도쿄와 요코하마를 왕래하는 도호쿠(東北) 선의 오미라(大宮) 역이나 우에노(上野) 역에서 플랫폼에 정차 중인 시발 전동차 안을 관찰한 적이 있다. 오미라 역에 정차 중인 차의 좌석은 하나의 긴 시트로 되어 있고, 우에노 역에 정차 중인 차량의 좌성은 4인용 박스석이다. 오미라 역 시발 전철 안에서는 시트의 끝자리부터 채워진다. 양 끝자리가 모두 차면 그다음에는 중간 자리에 앉는다. 4인용 박스석의 경우 최초에 선택되는 자리는 80퍼센트가 창 쪽 자리였으며, 이 자리를 누군가 이미 차지했을 때는 그 자리의 대각선 자리를 선택했다.

도서관에서도 관찰해본 결과, 자리를 자유로이 선택할 수 있는 상황에서는 혼자 입실한 사람이 하나의 책상에 앉았다. 이번에도 역시 책상의 끝자리부터 앉았고, 같은 책상에 이미 착석한 사람이 존재할 경우는 한 자리 이상 떨어진 옆자리나, 또는 비스듬한 앞쪽 자리에 앉는 경향을 발견할 수 있었다. 착석한 사람의 바로 정면이나 그 옆자리에는 잘 앉지 않는 등의 경향을 보인다.

이는 커피숍이나 식당에서 자리에 앉을 때도 동일하게 확인된다. 어디에서나 상대방의 시선을 피하려 하는 것과 자신의 주위에 사적인 공간을 확보해 조금이라도 프라이버시를 유지하기 위해 이런 행동이 일어나는 것으로 생각된다.

R. 소머(Sommer)라는 심리학자는 동물에게서 나타나는 '세력권'의 개념이 인간에게서도 확인된다는 사실을 다수의 관찰 사례로 밝혔으며, 이 세력권에 '개인 공간'이라는 이름을 붙였다. 동물의 세력권은 비교적 고정적이고 경계가 눈에 띄게 표시된다. 그 중심은 둥지로 침입자에 맞서 싸울 수 있다는 특징을 가지고 있다. 이에 반해 개인 공간은 유동적이며 그 경계는 눈에 띄지 않는다. 또 공간의 중심은 자신의 신체이며 침입이 발생하면 몸을 뺀다는 차이를 지적했다.

신체 완충대

사람에게 개인 공간이 존재한다는 사실은 관찰에 근거해 밝혀졌다. 간단한 실험을 통해서도 이를 직접 알아볼 수 있다. 친구나 부하 직원을 서 있게 하고 그를 향해 다가간다. 일정 정도 다가갔을 때 거북하거나 불쾌감을 느꼈다면 소리를 내거나 손을 들게 한다. 그리고 접근하는 사람은 그 신호에 따라 정지한다. 이렇게 한 뒤 접근하는 사람과 서 있던 사람의 거리를 측정할 수 있다. 이 거리는 상대방의 신체 중 어디와 가까운지, 상대방의 눈을 직시하는지 여부 등에 따라 변화한다. 시선이 교차할 때는 심리적 긴장감이 높아지고, 눈이 보이지 않을 때는 편안함을 느끼기 때문이다.

필자가 60명을 대상으로 진행한 실험에서는 정면에서 접근자가 다가오고 서로 상대방의 눈을 직시하고 있는 조건하에서 평균 거리가 159센티미터였다. 서로 시선을 비낀 채 다가갈 경우는 103센티미터였다. 이 결과에서 100~150센티미터가 상대방에게 불쾌감을 주지 않는 간격이라는 결론을 도출해냈다.

이처럼 어떤 사람을 중심으로 접근자와의 사이에 취해지는 거리를 여러 각도에서 측정하려는 시도는 국내외에서 수없이 많이 이루어지고 있다. 그리고 이 거리의 띠를 '신체 완충대'라고 한다. 지금까지의 실험 결과에서는 ① 신체 완충대는 앞면이 넓고 옆면, 뒷면의 순으로 좁아지며, ② 남성은 여성보다 거리가 가깝고, ③ 분열증 환자는 더욱 넓은 완충대를 가지며(타자에게 다가가지 않는다는 의미다), ④ 대인보다 대물과의 거리가 멀다는 점 등이 지적되고 있다.

대물 거리

앞서 실험 결과 ④에서 말하는 대물 거리의 의미는 접근 실험에서 사람 대신 물체(모자걸이)를 놓고 이것에 접근자가 다가가다가 더 이상 다가가고 싶지 않다고 생각되는 곳에서 정지한 후 접근자와 모자걸이 사이의 거리를 측정한 결과이다.

개인 공간과 비교해 자동차 공간이라는 개념을 사용해보자. 운전을 하다가 뒤에서 차가 바싹 다가왔던 경험을 한 적이 있을 것이다. 앞차에 아슬아슬하게 접근한다, 갑자기 끼어든다, 뒤차가 추월하려고 하는데도 비켜주지 않는다와 같은 행동은 위험한 운전자의 대표적인 특징이며 이 운전자들은 사고 경향이 강한 사람이다. 자신은 운동 반응에 자신이 있어 언제라도 브레이크를 밟을 수 있다고 생각하고 있겠지만, 차간거리 미확보는 사고 발생 원인 중 수위를 차지한다.

이런 안전하지 못한 운전자(자동차)의 공간은 매우 작다. 자신의 공간을 조금이라도 침입당하면 화를 내지만 타인의 공간에는 아무렇지도 않게 끼어든다. 이런 무모한 운전자(자동차)의 완충대는 앞면이 작고 뒷면이 크며 대인, 대물 모두 거리는 짧다고 할 수 있다.

커뮤니케이션을 위해 상대방의 이야기를 들으려고 하는 자세나 태도를 유지하는 것은 매우 훌륭하다. 하지만 지금 이야기한 것처럼 상대방에게 지나치게 접근하면 오히려 불쾌감을 주는 경우가 있다. 또한 자동차 공간이나 자동차 완충대는 가능한 한 크고 넓어 상대방의 공간을 침해하지 않도록 하는 것이 바람직하다. 어떤 경우라도 적당한 거리를 유지하는 것이 좋다.

도구도 자신의 일부라고 생각한다

말리거나 끼이는 사고 발생

머리카락이나 옷자락이 원동기, 회전축, 톱니바퀴, 벨트 등에 끼인다. 드릴프레스 등의 칼날에 손가락이 말려든다. 또 동작 중인 기계를 공구 등으로 멈추려고 하다 공구와 함께 손을 끼이는 등의 사고는 많다. 업종에 따라서는 말려들기와 끼이기에 의한 사고 유형이 가장 많은 경우도 있다.

이들 사고를 예방하기 위해 말려들 우려가 있는 부분에 덮개, 테두리, 방책 등을 만드는 것은 당연한 일이다. 그러나 설비를 인간공학적으로 개선하는 것만으로는 회전하는 기계에 손을 대거나 해서 발생하는 사고를 줄일 수 없다. 이럴 때 올바른 작업 표준을 가르치거나 덮개를 씌웠는데도 왜 손을 집어넣는지 알 수 없어 안전 담당자나 감독자는 애가 탄다. 사고를 일으킨 당사자에게 물어도 "어떻게 그런 짓을 했는지 알 수 없다."고 대답해 원인은 미궁에 빠지고 만다.

이럴 때 그 작업자에게 "당신은 어디까지를 자신이라고 생각하고 있는가?" 하고 물어보면 된다. 대부분의 사람은 머리카락이나 손가락 끝까지를 자신의 영역이라고 생각하지 펜치나 드라이버의 끝까지는 자신의 영역이라고 생각하지 않는다.

자아 신축론

우리는 일반적으로 자아를 외부 공간과 피부로 구분된 그 안쪽이라 본다. 물리적, 생리학적으로 보면 그럴 것이다. 하지만 심리학적 측면에서 그 생각은 적절하다고 할 수 없다.

독일에서 태어나 미국에서 활동한 심리학자 K. 레빈(Lewin)은 피부를 경계로 나누어진 부분만이 자아가 아님을 여러 가지 예를 들어 설명하고 있다. 예컨대 자식이 공격당하고 있는 어머니의 자아는 자식까지 포함된 영역일 것이며, 새로 산 옷을 입고 외출한 여성의 자아는 그 소중한 옷의 바깥쪽까지다.

이에 반해 심리적 자아가 작게 위축돼 버리는 경우도 있다. 예컨대 자살 직전의 사람에게는 모기에게 물리거나 담뱃불이 손가락 끝으로 다가오는 것이 아무렇지 않으며 의식도 하지 않는다. 내면의 자그마한 한 점에 집중해 '자신'이 줄어든 상태다.

이처럼 피부의 바깥쪽까지 확대되거나 작게 축소하는 것처럼 심리적 자아는 자유자재로 늘어났다 줄어들었다 한다.

안전에 적용한 자아 신축론

안전 장구를 제대로 착용하지 않아서 발생한 사고, 옷의 일부가 기계에 말려든 사고, 늘 하던 대로니 문제없으리라 생각하고 공구로 기계를 멈추려 했던 사고 등은 앞서 말한 자아 신축론에 의하면 다음과 같이 설명할 수 있다.

안전 장구를 착용하지 않고 일하는 작업자에게는 꼭 장비를 착용하지 않아도 자신은 그 직장에서 일하는 사람이라는 의식이 작용하고 있었다. 이런 의식은 직장 규율이 느슨해졌거나 나쁜 관행이 아무렇지 않게 나타나는 곳에서 쉽게 생긴다. 선배도 대강대강 하고 있고 감독자도 심하게 간섭하지 않으므로 적당히 하자는 태도가 형성되면 나중에 그것을 개선하기 어려워진다. 그러므로 특히 신입 사원이나 다른 직장에서 이동해온 사람에게 이런 첫인상을 주지 않도록 해야 한다.

두 번째로 옷의 일부가 기계에 말려든 작업자는 옷 바깥쪽까지를 자신이라 생각하고 있지 않았다. 만약 옷을 자신의 피부와 마찬가지로 생각하고 있었다면 피부를 위험한 기계에 가까이 대지 않았을 것이고, 조작 역시 신중하게 했을 것이다.

공구로 기계를 멈추게 하려고 했던 작업자도 마찬가지이다. 드라이버나 펜치가 손가락처럼 자기 신체의 일부라는 인식을 가지고 있다면, 그 손가락을 회전 중인 기계에 끼워 멈추려는 무모한 행동은 하지 않을 것이다.

젊은이나 자동차를 좋아하는 사람은 자신의 자동차를 반짝반짝 빛나게 닦는다. 그 곁을 지나던 사람이 들고 있는 물건이 조금이라도 닿으려 하면 큰 소리로 호통을 친다. 교차로에 정차할 때나 출발할 때 앞뒤 차가 범퍼에 약간이라도 접촉하면 바로 내려 변상을 요구한다. 범퍼는 원래 한 줄로 주차한 곳에서 빠져나올 때 앞뒤 차에 부딪치면서 나오기 위한 것이다. 따라서 앞뒤 차의 범퍼에 닿더라도 외국인들은 그다지 화를 내지 않는다. 범퍼가 완충 역할을 하는 것이라는 인식이 강하기 때문이다.

하지만 일본인은 앞뒤 범퍼까지 자신과 동일시하므로 범퍼에 흠집이 생기는 것은 자기 자신이 다친 것과 같은 느낌을 받는다.

작업 도구에 대한 애정

자동차 범퍼의 끝까지 자신이라고 생각하는 젊은이가 펜치나 드라이버, 해머 등의 도구 역시 자기 자신이라 생각하면, 앞서 이야기한 것처럼 기계에 말려들거나 끼이는 사고는 훨씬 줄어들 것이다. 하지만 이런 의식은 좀처럼 가지기 힘들다. 대부분 드라이버나 해머는 어디까지나 도구일 뿐이라 생각한다.

아끼는 자동차는 자신 안에 포함되고, 드라이버는 포함되지 않는 이 차이는 어디에서 생기는 것일까? 이 젊은이는 적은 급료의 대부분을 자동차 대출금으로 쓰고 있다. 내 땀의 결실인 자동차에는 당연히 애착이 솟는다. 친구의 차에는 없는 부품이나 부속품을 옵션으로 구하기도 할 것이다. 친구에게 자랑할 수 있는 우월감의 원천인 소품이라면 자기 일체감이 강하게 생길 수밖에 없다.

하지만 공장에 설치되어 있는 펜치나 드라이버는 회사에서 지급하는 물품이다. 더러워지거나 손상되더라도 특별히 자신의 가슴이 아프지는 않다. 나 자신이라고 생각되지 않는 것이 당연하다. 그러나 만약 이들 도구의 구매 금액을 작업자의 급여에서 공제했다면 도구를 손질하거나 취급하는 태도가 달라진다. 작업에 필요한 도구나 장비를 작업자 부담으로 하자고 말할 수는 없다. 설사 모든 비용을 사업자가 부담한다고 해도, 구입이나 유지 관리에 쓰이는 비용을 작업자가 직접 관리하도록 맡기는 것도 좋지 않을까.

비용 관리를 작업자에게 맡겨야 한다가 여기서 하려는 말은 아니다. 다만 작업자가 도구를 포함해 자신의 범위를 어디까지로 생각하면 안전할까, 또는 위험이 수반되는가를 기회가 닿는 대로 감독자가 밑의 직원에게 가르칠 것을 강조하고 싶을 따름이다.

제7장

설비와 기계를
인간 특성에 맞추자

손발의 좌우 특성을 살피자

일상생활에서의 좌우

"와이셔츠나 양복을 입을 때 소매는 좌우 어느 쪽을 먼저 끼우는가?" "바지를 벗을 때나 욕조에 들어갈 때 어느 쪽 발을 먼저 넣는가?"와 같은 질문을 받을 때 곧바로 대답할 수 있는 사람이 얼마나 될까?

평소에 각각의 동작을 정확하게 정해 놓은 사람, 어느 쪽을 먼저 넣어야 가장 빨리 입을 수 있을지를 실험적으로 연구하는 사람, 손발에 관한 미신을 완고하게 지키고 있는 사람을 제외하고는 이와 같은 질문에 좀처럼 대답하기 어렵다. 방금 전 언급한 손발에 대한 미신은 세계 각국에서 다양하게 나타나고 있다. 예컨대 멕시코에서는 병자가 약을 오른손으로 먹느냐 왼손으로 먹느냐를 묻는다. 만약 오른손이라면 간에 효험이 있고, 왼손이리면 신장에 효험이 있다는 것이다. 또 브라질에서는 "하루의 행동을 오른발부터 시작하라."는 미신이 있다. 이것을 믿는 사람은 아침에 침대에서 나올 때도 오른발부터 내딛는 것을 꼭 지킨다고 한다.

이런 미신이나 사고 가운데는 인체의 생리적 특징이나 안전을 고려한 것도 있다. 두 발 짐승이 왼발부터 걷기 시작하는 경우가 많은 것은 약한 왼발을 먼저 내딛으면 혹여 다치게 되어도 오른발보다는 심각하게 지장을 받지 않으리라는 생각 때문이기도 하다. 이미 소개했던 일본의 '오가사와라식 예법'에서도 욕조에 들어가기 전 들통에 가득한 더운물을 왼쪽 어깨부터 붓고, 다음 들통의 물을 오른쪽 어깨부터, 또 하나 들통의 물을 하복부에 붓고, 욕조에는 왼발부터 들어가라고 말하고 있다. 이렇게 따라 하면 중풍에 잘 걸리지 않을 수 있으며, 특히 혈압이 높은 사람은 이것을 지키는 것이 당연하다고 한다. "나이 많은 사람에게 맨 처음의 더운물은 좋지 않다."와 마찬가지로 혈액순환을 고려한 이런 방법은 어느 면에서 이치에 맞다.

좌우 기능 특성에 대한 관심

앞서 손발에 관한 질문을 한 것은, 보통 아무렇지도 않게 행하는 동작이 어떤 형태로 이루어지고 있는지 새삼 물으면 그 순서를 생각해낼 수 없다는 것을 확인하기 위해서였다. 이와 더불어 손발의 특징에 더욱 주의를 기울이기 바라는 의도도 있었다.

그런데 앞의 질문이 다음과 같은 형태로 바뀌면 어떨까? "못을 칠 때 망치를 드는 손은 어느 쪽인가?" "한 발로 멀리까지 깡충깡충 뛸 때 사용하는 발은 어느 쪽인가?" 대부분의 사람은 이 질문에 답할 수 있다. 이런 질문으로 그 사람의 기능적 특성을 살필 수 있다.

이런 조사에서는 오른손이나 오른발을 사용한다는 답이 많다. 속칭 오른손잡이가 이것이다. 사람은 태어나기 전부터 오른쪽 우위로 되어 있다는 설도 있지만, 어린 시절에는 성인만큼 오른쪽을 쓰는 비율이 높지 않다. 예컨대 어린 시절의 조사에서 왼손잡이의 비율이 20~30퍼센트라는 자료도 있다. 이 비율이 성장하면서 점차 감소해 12세를 경계로 왼손잡이의 비율이 격감한다. 연구자에 따라 약간의 차이가 있지만 왼손잡이는 성인의 경우 남자 5~8퍼센트, 여자 3~5퍼센트 전후이다. 이런 왼손잡이의 감소 경향은 외견상의 미적 평가, 실용적 측면(왼쪽에서 오른쪽으로 쓰는 방식의 글자를 적기 어렵다)에 의해서 교정되거나, 교육과 훈련에 의해 본래의 왼쪽 성향을 고친 결과라 생각된다. 따라서 글씨를 쓸 때는 오른손, 식사를 할 때 왼손을 사용한다는 사람도 적지 않다. 조금 전 망치를 잡는 손과 깡충깡충 뛰는 발은 오른쪽이 많다고 했지만 이것을 자세히 보면 양자 사이에 상당한 차가 있음을 알 수 있다.

오른쪽 편차의 정도

〈사람의 작업 특성으로서의 오른손잡이, 왼손잡이 연구〉를 학회지 《인간공학》에 발표한 만이 마산도(万井正人) 등의 조사에 의하면, 오른쪽을 사용할 수 있는 사람의 수를 왼쪽을 사용할 수 있는 사람의 수로 나누면 오른쪽 편중도(Wr)라는 지수를 낼 수 있다. 망치를 잡는 오른손과 깡충깡충 뛰는 오른발 사이의 오른쪽 편중도는 4배 정도 벌어진다. 즉 깡충깡충 뛰는 경우에는 왼발을 사용하는 사람의 수도 적지 않다는 의미다. 참고로 오른쪽 편중도가 압도적으로 큰 것은 글씨를 쓸 때와 주판을 사용할 때이며, 다음으로 손목시계의 용두를 돌릴 때, 젓가락을 사용할 때, 전화의 다이얼을 돌릴 때 등의 순이다. 글자를 적거나 주판알을 튀길 때, 식사 시 젓가락을 사용할 때 등의 Wr가 큰 것은 교정의 결과이다. 그리고 손목시계의 용두를 돌리거나 전화를 걸 때 오른손을 쓰는 것은 구조상의 제약 때문으로 추론된다.

이 오른쪽 편중도는 시사하는 바가 크다. 조사 자료를 보면, 손 기능과 발 기능 특성 사이의 관계(오른손잡이가 오른발도 사용한다고 답한 것과 같은 것)에서는 양자가 완전히 일치하지 않는 사람이 30~37퍼센트나 있었고, 손발의 상관계수도 높지 않아 남자 0.22, 여자 0.37이었다(상관계수의 최곳값은 1.0이고, 최젓값은 0.0이다. 값이 1에 가까울수록 관계가 밀접함을 나타낸다). 이런 결과는 무엇을 의미하는 것일까? 이른바 오른손잡이, 왼손잡이의 구분이 완전한 기능 특성의 의미하는 것이 아니라 대표적인 몇 가지 동작을 기준으로 했을 뿐이라는 뜻이다. 오히려 이 연구에서 개별 동작 항목마다 한쪽 편중의 실태를 밝힌 것이 설비나 환경 면으로 활용할 수 있는 자료가 된다.

안전 대책 활용

만이 마산도 등은 남자 1,000명, 여자 500명을 대상으로 기능 특성에 관한 설문지 조사에 덧붙여 스위치보드 조작기 등을 사용한 실험을 했다. 그리고 이들 결과를 종합해 다음과 같은 제언을 하고 있다. 이는 안전 대책을 세우는 데도 중요하다고 생각되므로 그 가운데 몇 가지를 발췌해보겠다.

① 개인 전용 기기는 오른손잡이용과 왼손잡이용을 별개로 준비해야 한다.

② 불특정 다수의 사람이 공동으로 사용하는 기기의 구조는 일반적으로 좌우의 능력 차가 적은 단순 조작이 바람직하다.

③ 버튼, 지렛대 등 단순한 동작으로 조작할 수 있는 도구는 작업 구역의 왼쪽 끝이나 오른쪽 끝에 배치되더라도 특별히 기능 특성에 지장을 주지는 않는다.

④ 회전 동작이나 조준 동작 같은 비교적 정교함을 요구하는 조작 기구는 왼손과 오른손 작업의 능력 차가 크므로, 양손을 임의로 평등하게 사용할 수 있는 위치, 즉 작업 구역 정면에 놓이는 것이 합리적이다.

작업 시 조작해야 하는 기구의 레이아웃이나 설비 개선을 도모할 때 기존에 주로 사용하던 기법은 동작과 시간 연구법으로, '동작 경제의 원칙'을 응용한 것이 많았다. 즉 가장 피로가 적은 동작을 할 것, 불필요한 동작을 없앨 것, 최단 거리의 동작을 할 것, 동작 방향을 원활히 할 것 등이 큰 줄기였다. 그리고 그 구체적인 운용법은 '양손을 동시에, 그러나 서로 반대 방향이 되도록 사용하라'거나 '가능하다면 발을 이용하라'는 것 등이었다.

그러나 손발을 이용한다 하더라도 거기에는 좌우 특성이 관여한다. 왼쪽 특성이 강한 사람에게 현재의 작업환경은 그 사람의 작업능력을 무리 없이 발휘할 수 있게 설계되어 있지 않다. 안전 관리 측면에서 좌우 특성을 검토하는 것은 중요하므로 다른 항목에서도 계속 이 문제를 살펴나가기로 한다.

비상구가 왼쪽에만 있는 것은 아니다

호텔의 비상구

예전에 봄맞이 휴가로 가족과 함께 묵었던 단골 리조트에서 기묘한 체험을 한 적이 있다. 그날은 저녁 식사를 위해 식당이 열 때까지 로비에서 기다리고 있었다. 그동안 익숙하게 봐온 장소에 아주 두드러지는 유도등이 달려 있는 것이 보였다. 이는 지금까지 없었던 것이다. 정확하게 말하면 지금까지 있었던 것이 새로운 것으로 교체되었다고 해야 할 것이다. 식당으로 내려가는 출구 옆에 해안으로 나가는 출입구가 있다. 그 출입구의 옆에 새로운 표지가 붙어 있었다. 종래에는 '비상구, EXIT'라고 적혀 있던 것이 사람이 대피하려 하는 픽토그램(그림문자)이 들어간 것으로 바뀌었다. 녹색과 흰색의 그 표지는 디자인도 좋아 눈에 잘 띄었다. 하지만 어쩐지 이상했다. 뭔가 그 표지가 그 장소에 어울리지 않는 느낌이 들어 다시 한 번 표지를 살펴보았다. 표지판에는 흰색으로 되어 있는 문에서 사람이 대피하려는 그림이 그려져 있다. 하지만 사람이 대피하는 방향으로 시선을 움직여보면 왼쪽은 벽으로, 출입구가 없다. 반대인 오른쪽을 보면 거기에는 익숙하게 보았던 출입구가 있다. 즉 출입구(비상구)가 있는 방향과는 반대 방향으로 사람이 대피하는 모양이었던 것이다.

이 로비에는 그 표지와 마주 보는 쪽 벽에도 같은 표지가 하나 더 붙어 있다. 따라서 맞은편의 유도등 표시도 사람이 대피하는 방향은 왼쪽으로 되어 있다. 하지만 그 방향에도 출입구는 없고 비상구는 반대인 오른쪽이다. 일부러 설치한 비상구 표시가 양쪽 모두 도움이 되지 못하는 것이다.

단 하나의 도안

저녁 식사를 하며 친분이 있던 지배인에게 이 이야기를 했다. 이에 지배인은 다음과 같이 이야기했다.

"다른 손님도 같은 지적을 했습니다. 저희들도 이상하다고 생각

합니다만, 도안은 왼쪽으로 향하고 있는 것 하나뿐이라 저희도 어쩔 도리가 없습니다."

도쿄로 돌아온 며칠 뒤 신문에 똑같은 것을 지적하는 기사가 실렸다. 도쿄 다이토(台東) 구 S 병원에서도 이 비상구를 나타내는 유도등을 설치했다. 아마 여기서도 비상구는 왼쪽이 아닌 오른쪽에 있었을 것이다. 병원 관계자는 "환자로부터 이상하다는 말을 듣고 사람 그림 위에 X표를 붙였다."고 말했다. X표가 붙은 그 표지를 사람들은 대체 어떤 생각을 하며 보고 있을까? 신문에서는 그 점에 대해 언급하지는 않았지만 흥미로웠다. 애써 만든 비상구가 있는데도 "이쪽으로는 대피하지 마시오."라고 해석한 사람들이 비상사태가 발생할 경우 우왕좌왕하지 않을지 괜히 걱정이 된다.

병원 이외에도 여러 곳에서 이 디자인에 대해 불평이 많다고 한다. 문제는 그 방향에 있다. 사람이 대피하는 방향이 왼쪽으로 되어 있기 때문에 화살표와 그림이 반대가 되어버린다. 이 표시는 전국적으로 통일되어 있으므로 설치하는 쪽에서 마음대로 도안을 바꿀 수 없다. 이 도안을 채택한 일본의 자치성 소방청도 "오해를 낳는다면 재검토할 수도 있다"고 대답했다. 하지만 당장 오른쪽으로 향하는 도안도 만들어야 했다. 그 후 강력한 여론에 따라 오른쪽으로 대피하는 도안도 만들어졌다.

엄선된 디자인

원래 이 도안은 어린이나 외국인이라도 판별할 수 있는 만국 공통의 비상구 표시를 만들자는 요구 때문에 탄생했다. 미국이나 유럽에서 최우수작으로 꼽힌 '서독의 디자인'에 대항하기 위해 일본 소방청이 일반인 공모를 통해 엄선한 자신만만한 작품이었다. 서독 디자인은 문이 반쯤 열린 곳에서 사람이 대피하려는 도안으로 일본과 마찬가지로 사람이 향한 방향은 왼쪽이다.

일본에서는 1978년 가을 소방청이 중심이 되어 디자인을 공모했다. 3,337점의 응모 작품 가운데 디자이너 고야마쓰 도시후미(小谷松敏文)의 디자인을 채택해 일부 수정한 것이 바로 이 그림글자이다. 1982년 2월 1일부터 백화점, 극장, 호텔, 병원 등의 비상구에 이 디자인의 유도등 설치가 의무화되어 앞서 말한 것처럼 여러 곳에 부착되었다.

실험 결과에서도 이 디자인이 서독의 디자인과 비교해 알아보기 쉽다는 자료가 나와 있다. 예컨대 시력이 1.2인 사람의 경우 일반적인 밝기의 복도 조명 아래 서독 디자인이 20미터 이내에서만 판별할 수 있었던 반면에, 일본 디자인은 25미터 이내에서 판별할 수 있었다. 그리고 연기 속에서도 일본 디자인이 서독 디자인에 비해 약 10퍼센트 정도 더 판별이 양호했다는 결과가 있다. 일본 것이 잘 보였던 까닭은 디자인이 단순했기 때문이다. 비상구 표시는 잘 보이기 위해 단순함과 직관적으로 알 수 있는 구체성이 필요한데, 이 점에서 일본 디자인이 뛰어난 것은 확실하다.

그림의 떡

디자인이 단순해 알아보기 쉽다. 어떤 의미인지 직관적으로 알 수 있다. 또 좋은 작품이므로 전 세계적으로 사용될 것이라고 소방청에서 자랑한 표지도 실제 사용되기 시작한 지 1개월이 채 지나지 않아 사방에서 불평이 쏟아져나왔다. "사람 그림 위에 X표를 붙였다."는 말이 대표하는 것처럼 이 디자인은 알기 쉬운 반면에, 하나의 방향을 가리키는 구체적인 의미는 하나밖에 없다. 하지만 출입구(비상구)는 항상 왼쪽으로 한정돼 있지 않다.

필자도 이전에 '서독 디자인'과 '일본 디자인'의 비교 기사를 신문지상에서 읽었을 때 일본 디자인이 훨씬 뛰어나다고 생각했다. 다만 그때는 출입구가 오른쪽에도 있으므로 오른쪽 방향의 디자인도 당연히 제작돼 있으리라 생각했다. 하지만 앞서 적은 것처럼 호텔 안에서 어울리지 않는 것과 직면했을 때 최초에 도안이 하나인 것, 전국적으로 통일된 규격이므로 설치자가 도안을 멋대로 바꿀 수도 없다는 점을 알고 놀랐다. 바로 '그림의 떡'처럼 실제로는 사용하지 못하는 것이다.

소방 연구소에서 의뢰한 실험 역시 전문가들이 모여 진행했으므로 신뢰할 만하겠지만 여기에는 함정이 있었다. 어쩌면 가독성을 실험할 때 반대쪽에서 보거나 각도를 바꾸어 검토하는 것을 소홀히 했는지도 모른다.

무엇보다도 가장 문제인 것은 이용자나 일반인의 체험담을 참고했느냐는 것이다. 전문가 집단은 자신들이 만들었으므로 자신들이 검토한 것이 최선이라는 태도를 취하기 쉽다. 하지만 "이런 것을 만들었으니 너희가 사용하라."는 발상에서 벗어나 사용자 입장에서 도구와 설비, 환경을 디자인하고 제작하는 것이 바로 인간공학이다.

안전 관리를 위한 직장 설비 가운데는 아직 인간공학이 전혀 반영되지 않은 부분들이 적지 않다. 다시 주위를 재점검하기 바란다.

걷기 쉬운 쪽으로 걷는다

제각각인 통행 방식

《아사히 신문》의 제안란에 "JR 등의 역 계단은 어째서 역에 따라 우측통행이거나 좌측통행으로 제각각인가. 일반 도로에서 사람이 우측으로 다니니 역에서도 우측통행으로 통일하면 어떨까?"라는 내용의 기고가 실렸다.

《아사히 신문》 취재 팀에서는 그 후 여러 역에서 통행 방향 실태를 조사했다. 신주쿠, 시부야, 시나가와, 우에노, 이케부쿠로 등의 각 역을 비롯한 도쿄 주변, 오사카, 나고야 등의 JR, 민영 철도, 지하철의 여러 역이 대상이었다. 조사 결과 승객 수가 가장 많은 JR 신주쿠 역에서는 각 계단의 위와 아래에 '올라가는 곳', '내려가는 곳'이라 적힌 원판으로 통행 방향을 구분해 표시하고 있으며 좌측 통행이다. 그러나 시부야 역에서는 우측통행을 원칙으로 하고 있으며 아홉 군데의 계단 가운데 여섯 군데가 우측, 나머지가 좌측통행으로 되어 있다. 조사 결과는 좌측통행을 원칙으로 하는 역과 우측통행을 원칙으로 하는 역이 있어 모두 제각각이었다. 역에 따라서는 어느 계단은 좌측통행, 다른 계단은 우측통행이라는 곳도 있었다.

당국의 견해

JR 수도권 본부에서는 "가능하면 일반 도로와 마찬가지로 우측통행으로 통일하면 좋으리라 생각하지만, 역에 따라 승객의 흐름이 달라 개찰구와 승강장의 위치를 기준으로 통일해버리면 타는 사람과 내리는 사람이 교차해 불편해지는 경우가 생긴다. 그래서 좌측통행이나 우측통행은 각 역의 판단에 맡기고 있다."고 한다.

게이오(京王), 게이세이(京成), 도큐(東急) 등 민영 철도 각 사도 "역사의 구조나 관습에 따라 좌측통행을 원칙으로 하고 있는 역이 많다. 그러나 역마다 사정이 모두 달라 어느 한쪽으로 일원화하기는 힘들다."며 좌우 어느 하나로 통일하는 것에는 부정적이다. 도쿄 역 부역장 역시 "통행 구분 표시는 3년 전까지 하고 있었지만 아침저녁으로 사람의 흐름이 바뀌어 혼란스러우므로 그만두고 승객의 자유로운 흐름에 맡기기로 했다. 이렇게 하는 것이 문제가 없다."고 말했다.

점령 정책이 낳은 산물 우측통행

실은 이렇게 통행 방법이 제각각이 된 까닭은 1949년에 개정된 일본 도로교통법 때문이다. 현재 실시 중인 사람은 오른쪽, 차는 왼쪽이라는 대면통행은 점령 정책의 산물이라고들 한다. 전후 일본에 진주한 전승국 사람들은 일본의 통행 방식을 어리둥절해했다. 왜냐하면 자동차의 핸들이 왼쪽에 위치하고, 우측통행 습관이 있는 나라 출신 사람들은 그때까지 실시되고 있던 일본의 좌측통행에 익숙지 않았기 때문이다. 그래서 일본의 교통 제도를 단번에 미국식으로 변경하려는 계획이 당시 연합군 총사령부에서 제시되었다.

그러나 전쟁으로 초토화된 일본에서 미국식 교통 제도를 바로 도입하기 위한 차량 개조와 도로 표지판 교체, 운전자와 보행자의 의식 개조 등이 단번에 시행되기 어려워 대혼란을 초래하는 것이 당연했다. 발표 즉시 일본 전국에서 맹렬한 반대 운동이 일어나 결국이 계획은 실현되지 못했다. 그러나 일본에 반환되기 전까지 오키나와에서는 미군의 뜻에 따라 자동차의 우측통행이 실시되고 있었던 것(1978년 7월 30일까지)은 잘 알려진 사실이다.

자신들의 의견이 통하지 않는 데 화가 난 전승국 쪽에서는 일본 교통 제도의 결점을 들추어내기 시작했다. 당시 일본에서는 보행자는 좌측통행을 하고 있었다. 이 보행 방식이라면 자동차가 달려오는 모습은 보이지 않는다. 그러나 소리는 들린다. 청각은 방향에 관계없이 유효하게 작용하기 때문이다. 좌측통행을 대면통행 형식의 우측통행으로 하면 차가 달려오는 것을 보고 알 수 있다. 인간의 보행 방식을 바꾸는 것은 버스의 출입구 개조나 도로 표지, 신호 등의 설치 변경만큼 품이나 비용이 들지 않아도 되고 실시도 간단하다. 이런 까닭에 1949년 이후 현재의 대면통행 제도가 도입되었다.

우측통행에 대한 반론

하지만 역사의 구조는 좌측통행 시대에 만들어진 것이 많으므로 우측통행이 되자 여러 곳에서 혼란이 일어났다. 인간의 의식 구조 역시 '이곳에서는 왼쪽, 다른 곳에서는 오른쪽'으로 간단히 바꿀 수 있는 것이 아니다. 그리고 건널목에서는 보행자와 자동차 통행 형식으로 여러 가지 혼란이 일어나고 사고가 적지 않게 발생하는 것이 알려졌다.

즉 과거에는 사람과 차가 같은 방향으로 통행했기 때문에 건널목에서의 흐름도 가는 것과 오는 것 두 줄기로 정리되어 원활히 횡단할 수 있었다. 그러던 것이 대면통행이 되자 이를 지키는 사람과 지키지 않는 사람이 혼재해 서로 부딪치고 전체 흐름이 혼란스러워져 사고 발생의 원인이 되었다.

그밖에 대면통행에서는 사람과 자동차 각자가 서로를 보고 알아차릴 수 있으므로 자동차 쪽에서는 사람이 피해줄 것이라 생각해 자신은 피하지 않고 직진하고, 사람 쪽에서는 자동차 쪽에서 피해줄 것이라는 생각에 직진해 서로 피하지 않고 부딪쳐버리는 사고가 늘어났다. 이런 사고는 능동적으로 자신의 안전을 지키는 것이 아니라 외부에 의지했기 때문에 발생했다고 말할 수 있겠다.

생리적, 심리적 안정성

우측통행이 실시되려고 하자 앞서 말한 이유들 때문에 이 제도에 대한 반대 운동이 강해졌다. 반대하는 쪽에서는 생리적, 심리적 안정성을 주로 문제 삼았다. 즉 '손발의 좌우 특성을 살피자'에서 검토한 것처럼 많은 사람들이 오른쪽을 주로 사용해 오른손이나 오른발의 힘이 발휘되기 쉽다. 더구나 중요한 심장은 몸의 왼쪽에 있다. 우측통행의 경우 오른손이 집이 늘어선 벽 쪽을 향하기 때문에 자유롭게 움직이기 어렵다. 또 심장이 있는 몸의 왼쪽이 자동차나 오토바이 등의 위험물이 달려오는 공간 쪽으로 노출된다.

이 문제를 밝힌 사람이 바로 고(故) 쓰루타 쇼이치(鶴田正一) 박사와 시미야 에이이치(清宮榮一) 등이다. 이들은 한 종류의 화살을 전방 정면과 좌우 각 20도 방향에서 약 2미터 거리를 두고 피험자의 복부를 겨냥해 쏘았다. 그리고 피험자에게는 날아오는 화살을 피해 어느 방향으로든 자유롭게 움직이도록 했다. 그 결과 위험물이 어느 방향에서 날아오더라도 오른쪽보다 왼쪽으로 피하는 경향이 전체적으로 약 1.8배 높았다. 이 경향은 위험물이 정면에서 날아왔을 때 특히 현저하게 나타났다. 즉 정면에서 화살이 날아올 때는 왼쪽으로 피하는 경우가 2배 이상 많았다.

이 실험은 피험자가 정지하고 있는 경우였다. 하지만 현실에서 보행자는 가만히 멈춰 서 있지 않는다. 이 점을 밝히기 위해 필자의 연구실에서는 다음과 같이 실험 조건을 바꾸어보았다. 피험자는 실험 장치 전방 6미터 지점에서 출발한다. 그리고 장치의 2미터 앞까지 직진해왔을 때 전방 왼쪽, 정면, 전방 오른쪽 세 지점에서 무

작위로 화살을 쏘고 이것을 피하도록 한다. 해당 실험은 걷고 있을 때 위험물이 날아오는 경우 어떤 대피 방법을 보이는지를 조사하기 위한 것이다.

이 실험의 결과는 앞의 연구 결과와는 약간 달라진다. 오른쪽 대피율 대 왼쪽 대피율은 합계 1.15로 왼쪽이 15퍼센트 많은 정도이며, 비율이 가장 높은 정면의 경우라도 왼쪽이 20퍼센트 정도 더 많을 뿐이다. 왜 이렇게 된 것일까?

보행 시 대피 행동을 관찰해보면 다음과 같은 사실을 알 수 있다. 즉 보행할 때 앞쪽에서 위험물이 날아오면 딛는 발이 어느 쪽이냐에 따라 뛰는 방향이 정해진다. 예컨대 왼발을 디딜 때 화살이 날아온 경우에는 몸의 이동 방향이 오른쪽으로 가기 쉬워지며, 오른발을 디딜 때는 왼쪽 방향으로 몸이 기울어지기 쉽다.

그러나 보행 시 왼쪽으로 대피하는 비율이 정지 시에 비해 어느 정도 감소한다고는 해도 여전히 왼쪽으로 향하는 비율이 더 높다는 결과는 변하지 않는다. 이처럼 정지나 보행 시 모두 왼쪽으로 피하는 경향을 보인다는 셈이므로 인간은 급할 때 왼쪽으로 피하는 경향을 가지고 있다고 결론을 내려도 될 것 같다.

옛날부터 사람은 심장 쪽을 왼손에 든 방패로 방어하면서 오른손에 가지고 있는 칼이나 창으로 싸웠다. 몸의 중요한 곳을 지키려는 방어 자세는 인간뿐 아니라 모든 동물에게서 공통적으로 보이는 본능적 자세이다. 이 점에서 보더라도 우측통행은 몸의 중요한 쪽을 위험에 노출시키는 보행 방식이며, 민첩한 움직임을 취하기 어렵게 한다. 하지만 좌측통행은 인간의 약점인 몸의 왼쪽을 벽으로 향하게 해 방어하고, 힘을 발휘하기 쉬운 오른손을 열린 공간 쪽으로 두는 자세가 되어 생리적, 심리적으로 모두 안정된 보행 형태가 된다. 필자 역시 이 생각이 일리 있으므로 전적으로 찬성하고 싶다.

인위적으로 규제나 강제가 가해지지 않는 산책로나 지하도, 일반 도로 등에서의 보행 행동을 관찰해 보면 좌측통행이 압도적으로 많다. 인간에게 안정된 통행 형태가 왼쪽이라면 이 형식으로 돌아가야 하는 것이 지당할 것이다. 그럼에도 불구하고 행정 당국은 일단 정한 제도를 좀처럼 변경하려고 하지 않는다. 사무소나 공장 안에서 법규로 정해져 있기 때문에 '우측통행'으로 해두자는 융통성 없는 발상을 고쳐, 인간의 심리적, 생리적 특징을 살리는 통행 형식을 도입하기 바란다.

제8장

직장을 안전하게 만들려면

안전은 팀워크로 제고한다

빛의 제전

초가을의 어느 일요일, 가까운 곳에 거주하는 모 회사 안전 담당자의 초대를 받아 민영 철도 노선 연변의 야구장에서 개최된 문화제를 구경하러 갔다. 특정 종교 단체에서 주최한다기에 처음에는 주저했으나 "훌륭하고 아름다운 빛의 게임이므로 하룻밤 재미있게 보내기 바란다."는 권유를 이기지 못해 보슬비가 내리는데도 야구장에 나가보았다.

비가 내렸다 그쳤다 하는 바람에 비옷을 걸친 채 두 시간 가까이 내야석에서 관람했다. 리듬 댄스, 매스 게임, 카드 섹션, 여러 가지 체조 등 숨을 쉴 틈도 주지 않는 진행에 압도돼 초만원 관중들은 박수와 탄성을 연발하면서 눈을 떼지 못했다. 특히 압권은 만 명이 넘는 젊은이가 야구장에 늘어서서 컴퓨터 조작에 의한 지시에 따라 손에 든 여러 색의 특수지를 차례차례 펼치거나 접거나 하면서 전개하는 카드 섹션이었다.

이 제전을 위해 수십 일이나 연습에 연습을 거듭했을 것이다. 일사불란한 그 모습은 감탄을 자아냈다. 야구장 전체가 파도가 되고 물보라가 되어 관중석으로 밀려드는 그 모습은 도무지 사람의 힘에 의한 것이라고는 생각되지 않을 정도의 박력을 보여주었다.

돌발 사고 발생

10미터가량 되는 철제 사다리 중앙의 두 군데에 사람들이 여러 층을 만들고 그 위에 다시 사다리를 올려 여러 가지 형태를 만들고 한 사람이 그 위에서 기예를 뽐낸다. 그것이 끝나고 사다리에서 차례로 사람들이 내려오기 시작했을 때 맨 위에 있던 사람이 지상으로 추락하는 사고가 발생했다. 눈 깜짝할 사이에 벌어진 일이었다. 곧 구급대가 와서 추락한 사람을 구출하고 체조는 아무 일도 없었다는 듯 속행되었다.

계속 내리고 있던 비 때문에 인조 잔디 야구장도 미끄러지기 쉬워졌고, 그때까지도 댄스나 체조가 한창일 때 몇 사람이 넘어졌으므로 곁에 있는 초대자와 큰 사고가 일어나지 않아야 할 텐데 하고 이야기하던 직후였던 만큼 이 사고는 신경이 쓰였다.

아주 조금만 타이밍이 어긋나면 균형이 무너져 맨 위의 사람이 추락하는 것이 당연하다. 하지만 추락한 사람 역시 자신이 무사히 기예를 끝냈다는 안도감에 순간 긴장이 풀려 동작이 어긋났다는 점 역시 배제할 수 없다.

이미 지적했지만 사고가 다발하는 때는 힘든 일이 끝난 뒤, 목표에 점점 다가가고 있을 때, 중간에 기다리는 시간이 자주 있는 작업을 할 때 등의 경우이다. 이들 조건은 앞서 이야기한 사고에 모두 꼭 들어맞는 사항이다.

그러므로 작업하는 당사자는 물론이거니와 곁에서 지휘하는 리더나 감독자는 과제나 작업이 종료될 때 사람들의 움직임을 주목해 최후까지 방심하지 않도록 주의를 기울이고 지도할 필요가 있다. 작업을 개시할 때 '파이팅'을 외치는 경우가 많지만, 오히려 필요한 것은 작업이 최고조에 이른 뒤 작업 종료에 이르는 도중의 과정이라 할 수 있을 것이다.

공통 목표

이런 사고가 있었는데도 평화의 제전은 성대하게 마무리되었다. 오랜만에 보는 성대한 축제인 만큼 필자도 크게 감동했다.

돌아오는 전철 안에서 어떻게 이런 멋진 게임이 1만 명이 넘는 사람들에 의해 이루어지는 게 가능했는지 생각해보았다. 우선 참가자 모두가 주최 측인 종교 단체의 신자였다는 점이 작용했을 것이다. 세계 각국에서 온 참가자도 많고 일본인과 일체가 되어 매우 흥겨워하거나 노래를 부르고 있는 모습을 보면, 신앙이라는 공통점을 기반으로 한 에너지가 커다란 힘이 되었다고 생각하지 않을 수 없었다.

그와 동시에 만약 이런 에너지가 권위의 중심에 있는 어떤 사람에 의해 특정 방향으로 향하게 되면 어떻게 될까 생각했다. 이 제전의 주제는 '평화로의 르네상스'라 되어 있었지만 과거에 일본이 빠진 군국주의는 바로 권위자에 의해 젊은이의 에너지를 대륙으로 향하게 한 것이 아니었던가. 그런 광기의 에너지는 두 번 다시 발휘되어서는 안 될 것이다.

참가자나 관객 모두 평화에 대한 염원과 생각은 같을 것이다. 이 염원을 하늘에 알리듯 부르는 합창 소리는 밤하늘에 울려 퍼지면서 멋진 화음이 되었다. 망원경에 보이는 젊은이의 얼굴과 몸은 빛

물뿐 아니라 환희의 눈물로 흠뻑 젖어 있었다. 모두가 최후까지 해냈다는 감동과 만족감이 제전 종료 뒤에도 그라운드 위에 흥분을 남기고 인파가 해산하는 것을 막았을 것이다. 알몸에 가까운 여성과 알록달록한 무늬의 기모노 차림 사람들도 빗속에서 피날레의 여운을 즐기고 있는 모습이 인상적이었다.

안전은 팀워크로 강화

매스 게임에 이상할 정도로 열의를 나타내는 젊은이들의 모습을 보고, 이런 높은 열의가 사업장 안에서 발휘된다면 도수율과 강도율은 0에 가까운 상태가 될 것이라 생각했다. 체조나 게임에서는 서로 간의 호흡이 매우 중요하다. 조금만 주의를 덜 기울이면 집단 전체에 큰 영향을 끼치게 된다. 그러므로 일거수일투족을 소홀히 할 수 없다. 자기 자신의 안전에 주의를 기울이면 팀 전체의 능률이 향상된다는 것을 각자 체감하면 당연히 작업도 진지해진다.

필자를 초대한 사람은 혼잣말로 이런 인식과 실천이 직장에 돌아가서도 계속될 것이라고 했다. 필자 역시 그렇게 되기를 기대하고 싶다.

문화제는 자신들의 성과를 많은 관객이 평가해준다. 행사에 대한 참여 의식이 연습을 통해 젊은이들의 에너지를 폭발시켰다.

소집단 활동이나 무재해 추진 운동은 작업자 각자의 참가 의식과 참가 행위를 그 기본 전제로 한다. 사람은 타인에 의한 호의적 평가를 기대하며, 그 성과를 정신적으로 보상받았을 때 가장 강한 만족감을 얻는다. 현대의 젊은이가 규칙을 무시하고 정해진 작업 표준을 지키지 않는다는 말을 듣는 경우가 많지만 나는 반드시 그렇다고는 생각하지 않는다.

현대 청년들은 사교와 집단 귀속성을 중시하는 동료 의식 중심의 가치관을 가지고 있다. 이러한 그들 본연의 특색을 안전 활동에 응용해보는 것이 중요하지 않을까.

이인삼각으로 달린다

두 사람이 1인분

세계적 불황으로 각국의 실업률이 모두 증가하고 있다. 영국에서도 실업 문제가 심각해져 '더 많은 일자리를' 요구하는 소리가 날로 높아지고 있으며, 일본의 자동차 공장을 영국에 유치하기 위해 노력하는 것 역시 잘 알려진 사실이다. 이런 영국에서 이색적인 발상법이 나왔다. 영국 중부 공장 지대에 위치한 직원 1만 명에 달하는 전화 및 통신기기 제조업체 GEC는 일자리가 없는 젊은이를 위해 한 사람의 일을 두 사람이 분할하는 방식을 고안해냈다. 예컨대 일반 사무를 보고 타이핑하는 일을 두 명의 여성이 나누어 한다. 직원 A가 월요일 아침부터 수요일 정오까지 일하면, 직원 B는 수요일 오후부터 금요일 저녁까지 일한다. 이렇게 되면 급료를 두 사람이 반으로 나누어야 하지만, 연령차가 있을 때는 연장자가 조금 더 많이 받는다. 이 방식은 3년 전에 시작돼 그해에만 20개의 2명이 한 팀이 된 근무조가 만들어졌으며 결과가 좋으면 더욱 증가시킬 방침이라 했으니 현재는 더 많아졌을지도 모른다. 이 회사에는 영국 각지에서 이 아이디어를 설명해 달라는 문의가 쇄도했다고 한다.

기사는 이 새로운 방식이 일자리를 원하는 젊은이에게 환영받을 것이 분명하다고 했지만, 노동조합 쪽의 반응은 복잡한 듯 보인다. 노동시간 단축에는 찬성하더라도 임금이 절반인 것에는 찬성하기 어렵기 때문이며, 이 방식에 대해 특별한 언급은 할 수 없다고 조합의 대변인이 말하고 있었다.

2인 1조 근무 형태의 첫 번째 대상자로 채용된 두 여성의 발언이 필자에게 깊은 인상을 남겼다. 그들은 "일자리를 서로 나누는 것이 무직보다 훨씬 낫다." "일자리를 찾게 돼 매우 기쁘다. 게다가 한 주의 후반부터 출근하므로 월요병 염려도 없다."고 하였다. 월요병 문제는 앞에서 다루었지만 이 사례를 통해 생각하고 싶은 것은 연계 작업이다.

태그 매치

분명히 이 기사에는 '태그 매치 통근'이라는 제목이 붙어 있었다. 프로레슬링 경기 등에서 볼 수 있는 바로 그 태그 매치이다. 2인 1조로 팀을 이루어 한 명이 피곤하거나 상대에 따라 교체하는 편이 좋으리라 판단될 때는 자기편의 손에 손으로 터치해 공격자를 교체하는 팀플레이이다.

GEC의 2인 1조 근무자도 수요일 점심시간에 일을 인계하는 것이다. 이때 배턴터치가 제대로 이루어지지 않으면 능률이 오르지 않는다. 연락이나 업무 조정이 제대로 되지 않았을 때 실수나 오류를 저지르는 경우도 있다. 사무 작업이라면 서류가 잘못 작성된 것에 그칠지 모르지만 현장 작업이나 기계 장치 등을 다룬다면 중대한 사고로 이어지는 경우가 있다.

사실 기계 장치를 두 명 이상이 조작해 사용하는 작업 상황에서는 각 작업 단계 사이에 오류가 많이 발생한다. 그 원인은 작업자 간에 연락이 제대로 되지 않거나 협조 체제가 갖추어지지 않았기 때문인 경우 등이 많다. 따라서 작업자끼리 호흡을 맞추고 우호적인 인간관계가 유지되고 있어야만 한다. 짝을 맞추어 춤추는 발레, 사교댄스, 아이스댄싱 등에서 활약하는 유명한 사람들 중 부부가 많은 것도 어쩌면 호흡을 맞추어야 하는 필요성 때문인지 모른다.

부부가 아니더라도 속마음을 아는 사람끼리 팀이 만들어지면 오류도 적고 작업 역시 순조로워질 것이다. 이 점과 관련된 흥미로운 연구가 있다. 벽돌공 74명에게 공동 작업자를 지명하게 했다. 즉 함께 일하고 싶은 사람을 1위부터 3위까지 순번을 붙여 고르게 한 뒤 서로 선택한 사람끼리 팀을 편성했다. 우선순위로 거론된 사람은 속마음을 아는 사람이나 사이좋은 사람끼리인 경우가 압도적으로 많았다. 이렇게 해서 호의적인 인간관계에 있는 사람끼리 팀을 만들고 종래와 같은 작업을 시켜보았다. 그리고 회사가 일방적으로 정한 팀으로 일을 했을 때와 자신들의 의지로 정한 팀으로 일한 경우의 능률과 여러 가지 측면에서 비교 검토했다. 그 결과 작업자끼리 스스로 팀을 조직한 경우 사직자와 재료비를 줄일 수 있었다. 의사소통이 개선된 것이 좋은 영향을 미친 원인이라 생각된다.

서로 주의를 줄 필요성

하지만 사이좋은 사람들끼리 모아 팀을 만드는 것이 만능은 아니다. 지나치게 잡담을 주고받거나 상대가 해줄 것이라고 생각해 일을 하지 않는 경우가 있다. 안전에 관해서는 지나치게 동료에 의존

하는 것은 금물이다. 그러므로 역할 분담을 확실하게 하고 각자의 역할을 철저하게 수행하는 것이 필요하다.

인간관계가 양호한 직장에서는 거절이나 스스럼이 적어 커뮤니케이션도 원활하게 이루어진다. 주의를 주거나 지적을 해도 웃는 얼굴로 이야기하거나 들을 수 있다. 반대로 인간관계가 매끄럽지 않거나 상호 불신 상태에 있으면 주의를 주고받는 행위 자체가 생략되고, 이는 바로 실수로 이어진다. 1982년 2월 9일 발생한 하네다 앞바다 일본 항공기 추락 사고는 그 전형적인 사례이다.

조종실에서 왼쪽(기장)과 오른쪽(부기장)의 물리적 거리는 불과 80센티미터 전후지만, 양자의 심리적 거리는 그 몇 배였다. 관리자인 기장의 권한은 절대적이며, 그 행동에 평소와 다른 면이 보이더라도 하급자인 부기장이나 기관사는 주의를 줄 수 없다. 하물며 그의 이상 행동을 상급 관리자에게 보고할 수도 없었다.

"상사에게 잘못 보이면 근무 평가가 나빠진다. 어쩔 수 없이 그에게 주의를 주는 일은 삼가야지."

이런 마음은 하급자들이 적극적인 행동을 하지 못하게 만들고, 잠자코 상사의 일을 지켜보게 만든다.

경고하고 싶어도 할 수 없다. 기장의 행위를 간과할 수밖에 없었던 사람은 부기장만이 아니었다. 장착이 의무화돼 있는 구명 벨트를 풀고 기장의 행동을 지켜보고 있던 기관사는 전방 계기판에 머리와 얼굴을 찧어 중상을 입었다.

서로 주의를 주는 것은 직제의 상하관계와 상관없이 상사에게서 하급자에게로, 하급자에서 상사에게로 이루어지지 않으면 안 된다. 그것이 쉽게 이루어지지 않는 직장에서는 안전을 유지하기 어렵다. 추락 항공기의 조종실 안은 의혹과 불신이 소용돌이칠 뿐 서로 신뢰하고 기탄없이 의견을 교환하는 분위기와 인간관계는 전혀 보이지 않았다.

CRM

조종실 안의 인간관계, 협력 태세가 중요한 것은 말할 나위도 없다. 앞서 이야기한 항공기 사고는 하급자가 망설여 상사에게 뭔가를 말하지 못했던 경우였다. 반대로 하급자가 건의해도 상사가 이를 수용하지 않아 일어나는 사고도 적지 않다. 그 대표적인 예가 583명이라는 세계 최대의 사망자를 낸 스페인령 카나리아 제도 테네리페 공항에서 발생한 항공기 사고(1977년 3월)이다.

KLM 네덜란드 항공의 점보기와 팬아메리칸 항공의 점보기가 활주로에서 충돌했다. 사고 후 조사를 통해 기장이 부기장 등의 말을 무시하고 무모한 조종을 한 것이 원인으로 알려졌다. 이런 까닭에 유나이티드 항공(UA)에서는 새로운 승무원 훈련용 기법을 개발했다. 바로 승무원 자원 관리(Cockpit Resource Management, CRM. cockpit은 추후 crew로 변경되었다)이다. 최초 강좌에서 리더십 등을 배워 자기 자신을 깊이 있게 인식한다. 기본적 학습이 끝나면 로프트(LOFT, Line Oriented Flight Training)라는 시뮬레이터를 사용하는 모의 비행 훈련을 한다. 훈련 중의 모습은 비디오로 기록되어 사후 검토 자료로 사용된다. 그러나 테이프는 훈련 뒤 모두 소거돼 어떤 기록도 남지 않음으로써 프라이버시가 확보된다.

기장과 부기장 두 사람만 조종할 수 있는 최첨단 기술의 항공기가 계속 도입되고 있는 현재 이 CRM의 활용은 인간관계 훈련에 유효할까?

이런 CRM의 응용은 모든 안전 대책에 적합하다. 안전 관리 대책의 모든 방침은 대개 안전 담당 부서에서 만들어진다. 안전 담당자는 지식이나 기술을 가지고 있으며, 조직 내 위치가 상위인 경우가 많다. 이 때문에 라인이나 현장 사람들에게 가르치고 전해준다는 자세를 취하기 쉽다. 이런 태도는 가령 그것이 안전과 직결되는 중요한 문제라 하더라도 현장 직원 사이에 자신들과 직접적으로 연관된 문제라는 인식과 공감을 일으키지 않는다. 따라서 안전 담당자는 일방적 강요를 그만두고 현장의 소리를 수용하고 그에 기초한 시책과 방침을 만들어 낼 필요가 있다.

안전 담당자와 작업자 사이를 중개해 안전에 대한 모든 시책을 현장에 정착시키는 인물은 리더이며 관리자, 감독자이다.

이인삼각 경기는 두 사람의 호흡이 맞고, 협력이 제대로 이루어지지 않으면 달리지 못한다. 안전 대책도 현장 직원과 관리자 및 감독자, 안전 담당자 삼자가 호흡을 맞춰 시행할 필요가 있다.

아이디어가 나오기 쉬운 직장을 만들자

집단 토의를 위한 KJ 기법

일본에서는 사회 인류학자 가와키타 지로(川喜多二郎)의 이름에서 머리글자를 딴 KJ법이 흔히 사용되고 있다. 원래는 현장 조사 데이터를 정리해 이론화하기 위해 고안된 방법이지만 현재는 발상법이나 문제 해결을 위한 집단토의법으로 산업계나 교육 현장에서 널리 사용되고 있다. 상세한 내용에 대해서는 원저자의 《발상법》, 《속 발상법》[9]을 참조하기로 하고 잘 알지 못하는 사람을 위해 그 방법을 간단히 소개한다.

---

9) 주코(中公) 신서.

준비할 물품은 연필, 색연필, 클립 여러 개, 고무줄로 된 고리 몇 개, 명함 크기의 종이 여러 장(일본에서는 현재 이 용지가 시판되고 있다), 모조지 등이다.

예컨대 몇 명의 사람이 모여 '안전 관리에 왜 소집단 활동이 필요한가'라는 주제 아래 회의를 했다고 하자. 우선 맨 먼저 참가자에게 생각이 떠오르는 대로 의견을 자유롭게 쏟아내게 한다. 이때의 방법은 나중에 이야기하는 '브레인스토밍'을 사용하면 된다. 아무리 시시한 의견이나 아이디어라도 그것을 비판하거나 평가하지 않고 있는 그대로 수용한다.

이리하여 나온 의견을 준비한 종이에 기록한다. 그리고 기록된 종이를 탁자 위에 펼치고 같은 의견이 있으면 이것을 한 무리로 묶은 뒤 거기에 색연필로 표시하고 클립으로 고정해둔다. 이렇게 해서 작은 그룹 편성이 끝나면 같은 순서로 작은 그룹끼리 편성해 중간 그룹을 만든다. 그리고 다시 같은 순서로 큰 그룹으로 만들어나간다.

자유분방한 아이디어 제시 환경 조성

미국의 A. F. 오즈번(Osborn)은 좋은 아이디어를 만들어 내기 위한 집단토의법을 개발했다. 그 방법의 기본 원칙은 다음 네 가지를 지키는 것이다.

① 비판 금지: 제안된 아이디어를 비판하지 않는다.

② 자유분방: 자유분방한 아이디어일수록 환영한다.

③ 양적 추구: 아이디어는 많을수록 좋다.

④ 결합 개선: 자신의 아이디어와 타인의 아이디어를 결합해 더 나은 아이디어로 발전시키도록 노력한다.

이 방법은 일체의 권위와 고정관념을 배제하고 부드러운 분위기에서 상상력을 발휘해 창조적인 사고를 만들어내기 위해 시도된 것이다. 직역하면 뇌에 폭풍을 일으킨다는 뜻의 브레인스토밍(brainstorming)은 갑작스레 떠오르는 멋진 생각, 영감을 왕성하게 발휘시킨다는 뜻으로 바뀌어 사용된다. 이 방법이 종래의 토론법과 다른 점은 참가자들이 각각 개인적으로 아이디어를 내기보다 하나의 집단이 아이디어를 내는 태도로 이루어지는 점이다. 아이디어는 공동 작업 결과로 여겨진다. 일반적으로 토의자 수는 10명 정도가 가장 효과적이다. 사회자 1명, 기록자 1명을 두고 시간은 10~20분 정도로 한다. 이렇게 하여 얻어진 여러 가지 아이디어를 기록자가 분류하고 정리해 다시 그룹에 제시한다. 그 가운데 유효한 결합을 생각하고 더 유효한 아이디어가 가능한지를 검토한 뒤 그 아이디어가 현실적으로 실용 가능한지 아닌지에 따라 유효성을 판정해 채택 여부가 결정된다.

앞서 말한 KJ법과 이 브레인스토밍법(BS법)을 비교해보면 다음과 같은 차이를 지적할 수 있다. 즉 KJ법은 집중적 사고를 중심으로 하고 BS법은 확산하는 사고를 중심으로 한다. KJ법이 논리적인 사고를 이용하는 반면 BS법은 상상력을 구사한다. 이런 점을 생각해보면 창조적 사고를 펼치기 위해서는 BS법으로 먼저 아이디어를 서로 내고 이것을 KJ법으로 정리하는 것이 바람직하다.

이 외에 창조적인 사고를 개발하는 방식으로 다양한 것이 나와 있다. 그 가운데 대표적인 것으로 고든(William J. Gordon)의 시네틱스(synectics)법, 나카야마 마사카즈(中山正和)의 NM법(발상의 소재를 세로로 늘어놓고 힌트의 상호 관계를 KJ법으로 찾는다), 데보노(Edward De Bono)의 수평사고(지배적인 아이디어를 찾아내고 여러 가지 견해를 모색하며 우연한 기회를 이용한다), 가타가타 젠지(片方善治)의 ZKJ법, 이치카와 기쿠야(市川龜久彌)의 등가 변환 이론(等価換理論) 등이 있다. 이는 모두 떠오른 힌트나 아이디어를 탄력적으로 활용하는 방법이다.

KJ법, 방재 활동에 이용

KJ법이나 BS법을 안전 관리 활동에 활용하고 있는 사업장은 매우 많으며 사고 방지에 뚜렷한 효과를 보고 있다. 여기서는 니혼강관(日本鋼管) 주식회사 게이힌(京濱) 제철소 강판부에서 실천된 예를 살펴본다. 강판부에서는 KJ법을 변형한 TKJ법을 실시했다. TKJ법이란 KJ법을 소집단에서 활용할 수 있도록 개선한 것으로 가장 앞의 T는 트럼프 게임의 T를 의미한다. TKJ법의 특징은 그룹 구성원이 각자의 발언을 카드에 한 장씩 기록하고 이들 카드를 트럼프 게임처럼 빠짐없이 토의 대상으로 분석하는 것이다.

5~9명으로 그룹을 편성하고 선거 혹은 지명으로 리더를 선출, 구성원 각각에게 종잇조각을 6장씩 배포한다. '감독자가 안전 활동을 열심히 하지 않는다'와 같은 예제를 주고, 어떤 것이든 좋으니 자유로운 생각을 각자에게 배포된 종이에 기입하도록 한다. 6장의 종이에 각자의 생각이 모두 기입되면 리더가 각각의 종이를 거두어 트럼프 게임을 할 때처럼 전원에게 나누어준다.

그리고 한 명씩 차례대로 먼저 자신이 들고 있는 종이를 한 장씩 읽고 나서 한가운데 정해진 곳에 제출한다. 다른 사람도 자신이 들고 있는 종이 가운데 그것과 같은 내용이 있으면 제출해 겹쳐놓는다. 이렇게 하여 쌓인 종이 무리를 '섬'이라 부르고, 정리된 섬의 내용을 요약하는 문구로 표찰을 만든다. 한 장의 모조지에 표찰로 대표되는 섬과 단독의 종이 뭉치를 상호 관계나 문맥을 고려하면서 배치한다. 그리고 배치된 표를 보고 중요한 문제를 열 항목 고른다. 그리고 이 가운데 긴급성, 해결 가능성, 부가가치성의 세 조건을 감안해 가장 중요한 문제 하나를 최종적으로 고른다. 이렇게 고른 가장 중요한 항목을 어떻게 해결할지 생각하고, 그 해결 방안이 결정되면 이것을 그룹 전원의 실천 항목으로 선정한다. 그리고 결정된 안을 그룹마다 발표한다. 이 회의에는 공장장이나 부장 등 활동에 관해 의사 결정권을 가진 간부가 참가해 커뮤니케이션이 원활해지도록 한다. "왜 이런 짓을 하는가?" 등의 비판도 처음에는 있었던 것 같지만 이 방법이 직장에 정착함에 따라 반대 의견도 사라졌다고 한다.

TKJ법의 실시와 더불어 안전 의식이 높아져 연간 15건씩 발생하던 재해가 다음 해에는 6건, 그다음 해에는 3건, 3년 뒤에는 6개월 동안 완전 무재해라는 놀라운 기록을 달성하기에 이르렀다.[10]

---

10) 사토 다카시(佐藤隆), 《무재해의 길》, 일본 총합노동연구소.

자유롭게 발언할 수 있는 분위기 조성

KJ법이든 BS법이든 창조적 사고나 실천 운동의 성패는 발상이나 아이디어를 찾는 자유로운 분위기가 좌우한다. 오즈번이 제창한 기본 4원칙의 첫 번째에 남의 의견에 대해 좋다 나쁘다는 비판을 하지 않는다는 비판 금지 항목이 자리하고 있는 것이 그 단적인 예이다. 하지만 그 원칙을 지키기란 상당히 어렵다. KJ법 스터디 모임이나 BS법을 쓰고 있는 곳에 간혹 입회해보면 이 규칙을 완벽하게 지키고 있는 경우는 많지 않다.

선거나 지명으로 리더에 임명된 사람이 회의 진행을 좌지우지하거나 전문가인 선배가 신인의 의견에 참견하는 경우를 흔히 본다. 이렇게 되면 자유분방한 의견은 나오기 어려워지고 분위기도 깨진다. 모처럼 열린 토의의 장이지만 의견 교환의 기회가 열매를 맺지 못한다. 직장 구성원이 자주적으로 행동 규범을 만들어 그대로 행동하며 창조성의 싹을 틔우는 분위기를 형성하는데 가장 커다란 적은 이런 자유로운 분위기가 결여되거나, 기계적이고 평가 지향적인 조직 풍토이다.

지식이나 기량, 경험에서 우위에 있는 관리자나 감독자, 선배 사원들은 신입 사원이나 후배, 하청 업체 사람들의 소리나 아이디어는 유치해서 들을 필요가 없다고 생각할지 모른다. 하지만 그런 그들 역시 과거에는 같은 상황이었을 것이다. 아무리 작고 시시하다고 생각되는 의견이나 아이디어라도 귀 기울여 듣고 적극적으로 받아들이는 도량을 가져야 한다.

"정말 멋져!" "거기에 이걸 덧붙이면 어떨까?" 하고 타인의 의견에 편승하고 따라 하며 포용하는 직장이 되기를 바란다.

외적·내적 동기부여를 활용하자

의욕은 힘을 키운다

《응용 심리학》의 저자 A. T. 포펜바거(Poffenbarger)는 악력에 관한 흥미로운 실험을 했다. 피험자에게 "이제부터 여러분의 악력을 조사하는데 15회 측정해서 그 평균을 낸다."고 한 경우와, "1회로 최대의 힘을 낸다."고 했을 때 힘을 내는 방식을 비교 검토한 것이다. 전자일 때 악력 값은 52킬로그램이었지만 후자일 때는 68킬로그램까지 올라갔다.

같은 실험 결과는 다른 연구자의 실험에서도 발견된다. 예컨대 1, 2, 5, 10분으로 작업 시간을 바꾸고 산수 테스트를 해 보면 피험자가 작업 시간이 짧다고 생각했을 때 작업 속도가 빨라진다는 결과가 나왔다. 즉 10분의 작업 시간을 전달받았을 때보다 5분, 1분으로 시간이 짧아질수록 속도가 빨랐던 것이다. 이런 것은 작업자가 작업에 몰두하는 심적 태도와 아주 깊은 관계가 있음을 나타낸다.

포펜바거의 실험에서 작업자는 악력 측정을 15회에 걸쳐 한다는 말을 듣고 진절머리가 나서 의욕이 감퇴되어 힘을 아끼는 것으로 나타났다.

앞서 영국 산업피로조사국이 조사한 주간 생산 곡선이과 월요일 효과 문제를 다루었다. 이 조사에 공헌한 연구자 중 H. M. 버넌(Vernon)이라는 사람이 있었다. 그는 제1차 세계 대전 중 영국의 군수 공장에서 주당 노동시간을 66시간에서 48.6시간으로 26퍼센트 줄였지만 생산량은 저하되지 않고 오히려 시간당 생산량이 68퍼센트 증가, 주당 생산량도 15퍼센트나 상승한 것을 알아냈다. 노동시간 단축이 반드시 생산성을 떨어뜨리는 것은 아니며 오히려 작업 의욕을 향상시킨다는 점을 인식시킨 것은 위대하다.

전시 중 월 · 월 · 화 · 수 · 목 · 금 · 금 등으로 헛되이 노동시간 증대를 노린 일본의 방법은 영국의 방식에 비하면 엄청난 차이가 아닐 수 없다. 작업 시간을 길게 할수록 능률이나 생산성이 올라갈 것이라 여기는 생각은 바로 인간을 기계로만 보는 것이며, 작업자의 노동 의욕 문제를 조금도 고려하지 않는 것이다.

작업과 동기부여

하루는 24시간밖에 없다. 공장 안에서 보내는 시간과 통근 시간이 운동 · 교양 · 오락 · 취미 · 교제 등 사회적 · 문화적 생활의 시간이 침해하는 셈이다. 만원 통근 전철로 왕복하며 여러 시간 시달리고, 더욱이 잔업을 포함해 작업장에서의 구속 시간이 길어지면 작업자는 일하고 먹고 자는 생리적 욕구 충족에만 시간을 쓰게 되어 욕구 불만이 생기고 만성피로가 심해진다.

분명히 식욕, 성욕, 수면욕 등 생리적(일차적) 욕구의 충족은 필요하고 중요하다. 하지만 우리 인간이 일의 보람이나 사는 보람을 느끼는 것은 이런 생리적 욕구보다 동료와 즐거운 시간을 보내거나 좋은 일을 해서 인정을 받고 자신의 취미에 몰두할 수 있는 사회적(이차적) 욕구가 충족되었을 때이다. 이런 욕구는 인간이 가지고 태어난다기보다 생후 경험이나 학습을 통해 새로 획득한 욕구라 할 수 있다.

이차적 욕구의 충족 과정과 작업에 대한 동기부여의 관계를 알기 쉽게 이야기한 사람은 앞에서도 간단히 소개한 A. H. 매슬로우다. 욕구를 5단계로 나눈 그의 이론을 '욕구 5단계설'이라고도 한다. 간단히 말하면 낮은 차원의 욕구가 충족되면 더욱 고차원의 욕구가 행동의 주요 동기가 된다는 생각이다. 가장 기본적인 욕구는 의식주에 관한 생리적 욕구이다. 이 욕구가 만족되면 다음에는 신체적 위험에 대한 공포나 기본적인 생리적 욕구가 결핍되지 않도록 해야겠다는 자기 보존 욕구, 즉 안전에 대한 욕구가 생긴다. 이것이 만족되면 다음은 동료 집단에 소속되거나 사람들로부터 사랑받고자 하는 친화 욕구가 생기며, 이어 네 번째로 싹트는 것은 타인으로부터 존경받고 높은 평가를 얻고 싶다는 존경 욕구이다. 마지막 다섯째 단계의 욕구는 자기실현 욕구이다. 이 욕구는 자신은 이렇게 있고 싶다, 자기의 힘을 모조리 발휘하고 싶다고 바라는 욕망이며 사람에 따라 그 내용은 달라진다. 하지만 이 자기실현 욕구는 좀처럼 만족되는 경우가 적으며, 생리적 욕구가 80퍼센트 만족되고 있다면 자기실현 욕구는 10퍼센트 정도밖에 충족되지 않는다. 그만큼 자기실현 욕구가 충족되면 만족도는 높고, 행동에 대한 동기부여의 커다란 요인이 된다.

PDC

작업자 자신이 지니고 있는 욕구에 호소하는 동기를 내적(자연적) 동기라고 하며, 내적 동기는 작업이나 활동을 촉진하는 가장 강력한 힘이다. 그러나 이런 내적 동기가 솟아나기를 기다리기만

해서는 안 된다. 특히 안전 관리나 사고 방지 대책 측면의 교육에서는 인위적으로 가해지는 자극에 의한 동기부여, 즉 외적 동기를 활용하는 것이 중요해진다.

관리자나 감독자, 안전 담당자가 작업자의 안전 의식을 높이고 작업 표준을 충실히 지키며 안전 행동을 이행하도록 하기 위해서는 외적 동기부여가 필요하다. 이를 위한 가장 유효한 방법은 목표를 설정하는 것이다. 목표가 설정되면 그 목표에 도달하고자 하는 의욕이 솟아나 열의와 노력을 기울이기 때문이다. "금년도 도수율을 1.00까지", "사망 사고를 우리 직장에서 없애자", "조깅을 매일 계속하기로 하자" 등은 모두 목표이다.

그런데 목표는 그것이 양적이든 질적이든 장래에 거기까지 도달하고자 바라는 수준이므로 '요구 수준'이라고도 할 수 있다. 목표를 유효하게 달성시키기 위해서는 이 요구 수준의 가공법이 열쇠가 된다. 요구 수준의 가공법에 대해 유의해야 할 사항을 열거하면 다음과 같다.

① 목표는 스스로 결정하게 한다: 목표가 위에서 일방적으로 주어지거나 강제적으로 설정되면 작업에 마음이 내키지 않게 된다.

② 결정에 참여시킨다: 자발적으로 목표를 정하게 하는 것이 최

상책이지만 모든 사람에게 이것을 기대할 수 없다. 예컨대 신입 사원이나 미경험자는 목표를 어느 정도로 어떻게 설정하면 좋을지 알지 못한다. 이런 사람에게는 조언이나 지시가 필요하다. 다만, 이런 경우라도 본인의 의지가 반영될 만한 장소를 제공하거나 기회를 만들어주지 않으면 안 된다. 자신이 참석해 결정에 참가했다면 열의와 책임감이 솟아난다.

하나의 업무에는 계획(plan)과 실행(do), 평가(check)라는 세 가지 측면이 있다. 종래의 관리 방식은 계획과 평가 측면은 관리자와 독자가 하고 작업자는 오로지 실행(do)만을 담당할 뿐이었다. 이 경우 작업자는 위에서 지시나 명령받은 것만 이행하면 된다는 생각이 근저에 깔려 있었다. 이래서는 작업자가 불만을 품는 것도 당연하다.

그래서 관리자와 감독자의 계획과 평가 업무의 일부를 작업자에게 이양해 작업자 스스로 계획하고(작업 방법과 작업 순서를 설정) 실행하며 평가(시험 및 검사)한다는 일련의 관리 사이클(PDC 사이클)을 담당할 수 있게 하자는 관리 이론이 등장하게 되었다. 이른바 '직무 충실'이라는 개념이 이것이다.

PDC 사이클이 각종 사업소에서 실시돼 불량이나 실수를 줄이고 생산량 상승이나 작업자의 만족감을 높였다는 보고가 많다. 동기부여의 방법으로 유효하므로 많이 활용하기 바란다.

개인 목표와 집단 목표

개인이 세우는 목표든 집단 구성원이 서로 협의해 세우는 집단 목표든 목표가 있는 것만으로는 동기부여의 효과가 나타나지 않는다. 설정된 목표를 달성해 성취감을 맛보는 과정이 필수다. 왜냐하면 반복해서 실패를 경험하게 되면 의욕이 상실되고 열등감을 심어주기 때문이다. 반면 성공의 경험은 또 다른 노력을 자극해 새로운 희망을 솟아나게 한다. 성취와 실패의 체험은 요구 수준의 높이와 관계가 있다. 아무리 개인의 능력이나 집단의 열의가 높아도 생리적, 심리적 능력에는 한계가 있으므로 너무 높은 목표에는 이르기 쉽지 않다. 그러므로 성취감을 느끼게 하려면 작업자나 직장 집단의 능력에 맞춘 적당한 요구 수준을 설정하고 그 수준을 달성할 수 있는 가능성을 유지하도록 해야 한다.

흔히 직장의 목표로 "금년도의 무재해 기록 '○○만 시간"이라거나 "불휴 재해[11]를 포함하는 재해 건수를 0으로" 등이 정해져 게시

11) 근로자가 산업 재해를 입은 사람의 부상 또는 요양을 위해 쉬지 않았던 재해

되는 경우가 있다. 이런 높은 목표 설정은 도저히 찬성하기 어렵다.

직장에 모이는 사람은 연령, 의욕, 흥미, 성격 등 여러 조건이 다르다. 이런 배경 조건이 다른 사람들에게 부여되는 집단의 공통 목표는 높은 수준이 아닌 낮은 수준에 기준을 두는 것이 무난하다.

하지만 개인의 목표는 처음부터 가능한 한 높게 세우는 것이 좋다. 반면 '작심삼일', '용두사미'라는 말 또한 진실이다. 인간은 싫증을 쉽게 내 한 가지 일에 오래 집중하지 못한다. 처음에는 의욕적이더라도 뒤로 갈수록 분발하지 않는 모습이 오히려 더 자연스럽다. 아예 지키지 못한다면 "건강을 위해 조깅을 한 주 동안 계속하자"는 목표보다 "1년 동안 쉬지 말고 계속해보자", "날마다 책을 한 시간씩 읽자"처럼 넓은 범위의 목표를 세우는 것이 낫다.

'터치 앤드 콜'을 활용한다

악수의 효용

전 세계 여성을 매료시키는 가수 훌리오 이글레시아스. 그는 한때 잘나가는 프로 축구 선수였다가 재기 불능의 사고를 겪은 인물이다. 그가 일본에 왔을 때 그를 찍기 위해 나온 보도진과 중년 여성들이 나리타 공항에서 뒤엉켰다. 멋진 트레이닝셔츠를 차려입은 중년 여성이 꽃다발을 들고 그에게 돌진하는 장면이 텔레비전으로 방영되었다. 운 좋게 꽃다발을 건네고 그와 악수한 그 여성은 "이 손은 사흘 동안 씻지 않겠다."며 감격적으로 이야기했다. 문득 전쟁 전 스타 영화배우와 악수했던 필자의 친척 여동생이 똑같은 말을 했음을 떠올리며 팬의 마음은 예나 지금이나 바뀌지 않는다는 사실을 통감했다. 존경하는 사람의 온기를 직접 피부 접촉을 통해 느낀 사람이 언제까지나 그 추억을 간직하고 싶다고 바라는 것은 자연의 섭리이다.

서구인처럼 포옹이나 키스의 습관을 갖고 있지 않은 일본인이 친애의 정을 나타낼 경우 상대를 껴안는 데는 저항이 있더라도 악수를 하는 것은 괜찮다. 정치인이 선거 전에 여기저기 악수하고 다니는 것은 사람들과 서로 접촉함으로써 후보 자신에게 호감을 가지도록 하려는 생각 때문이다. 그렇지만 일본의 경우 정치인들은 흰 장갑을 끼고 있어 사실 직접 피부와 피부가 접촉되지 않는 경우가 많다.

여하튼 상대방의 몸과 직접 접촉하는 것은 연대 의식을 만들고 호의적 감정을 자아내는 것으로 이어진다. 해외에서도 어루만지기(Do touch) 운동이라는 것이 활발하다. '원터치'라거나 '일촉 운동'이라고도 하는데 이성, 동성을 불문하고 서로 손을 잡거나 어깨를 치거나, 팔짱을 끼거나 껴안아 사람들의 연대감을 높여 인간성을 회복하려는 운동을 의미한다. 대도시의 비인간적 환경이나 고독한 상황에서 서로 살과 살을 접촉한다. 즉 스킨십에 의해 인간성을 되찾기를 바라는 이런 운동은 인간의 기본적 욕구를 충족하는 의미에서도 가치 있는 방법이라 할 수 있을 것이다.

발성의 효과

금세기 초, 이탈리아의 A. 모소(Mosso)는 세계 최초로 《피로》라는 단행본을 출판했다. 그가 고안한 고전적인 피로 측정 장치는 현재도 각국 대학의 생리 · 심리학 연구실에서 사용되고 있다. 오른쪽 손목을 테이블 위에 고정하고 그 가운뎃손가락에 끈을 건다. 끈은 도르래를 거쳐 3킬로그램의 추에 묶여 있다. 가운뎃손가락을 구부려 추를 끌어당기면 탁자 위의 기록 용지에 그 작업량을 기록할 수 있게 돼 있다.

메트로놈 소리에 맞춰 피험자는 추를 끌어당기라는 지시를 받는다. 최초에는 힘이 남아 있으므로 많이 늘어난다. 그런 가운데 점차 손가락이 피로해져 작업량이 줄어든다. 시간의 경과에 수반되는 근출력의 추이를 조사해 보면 점점 하강하는 곡선을 그리는 것이 일반적이다.

이 장치를 사용해 이카이 미치오(猪飼道夫) 박사는 흥미 있는 실험을 시도했다. 피험자에게 아무 말 없이 추를 끌어당기게 했을 때와, 도중에 추임새를 넣으며 끌어당기게 했을 때를 비교해보면 후자 쪽이 훨씬 작업량이 많았다. 추임새를 넣었을 때는 말하지 않고 끌어당겼을 때의 최대한도를 훨씬 초과하고 있었다. 근력이 약해진 300회째 부근에서도 몇 배의 힘이 나올 정도로 결과는 놀라웠다.

추임새라는 소리가 자극이 되어 커다란 힘을 출력시켰다고 생각해 볼 수 있다. 하지만 아무 말도 하지 않았을 때의 몇 배가 되는 힘은 어떻게 설명할 수 있을까?

아무 말도 하지 않고 추를 끌어당기는 실험 조건도 피험자에게는 "자기가 낼 수 있는 최대의 노력을 기울여주십시오."라는 주문이 포함되어 있다. 그럼에도 불구하고 추임새를 붙일 때와 같은 힘이 나오지 않는 것은 아직 여력이 남아 있으면서 그것을 모두 꺼내려 노력하고 있지 않다고 생각해야 한다. 이 실험에서 보면, 무언의 상태에서는 15~20퍼센트의 힘이 저장돼 있었던 셈이다. 실험 결과를 통해 참된 작업 능력은 보통 대뇌 중추에서 억제되고 있으며, 가진 힘의 80퍼센트 정도밖에 드러나지 않음을 알 수 있었다. 이카이 박사는 의식적으로 기울인 최대의 노력에 의해서도 실현할 수 없는 참된 근력 또는 체력을 생리적 한계라 명명했다. 그리고 추임새에 의해 실현할 수 있었던 근력을 심리적 요인으로 변화시킬 수 있다는 의미에 심리적 한계라 불러 구별하고 있다.

주의 지속

가진 힘의 80퍼센트밖에 출력하지 않는다는 것은 힘을 빼고 있다고도 할 수 있을 것이다. 그러나 이 사보타주(태업) 현상은 어느 의미에서 작업자의 자기 적응이라 할 수 있을지도 모른다. 처음부터 전력을 다해 일하면 곧 쓰러져버린다. 작업에 착수하기 전에 직관적으로 자신에게 알맞은 속도로 맞추려고 시도한다. 그와 동시에 그다지 쾌적하지 않은 작업에 직면하게 되면 누구라도 하기 싫은 기분이 되고 진절머리가 나는 것은 어쩔 수 없는 일이다. 이런 실망이나 힘이 빠지는 느낌은 억제 작용과 마찬가지로 작업자의 힘을 약화시킨다. 심리적 태도가 능률을 좌우하는 커다란 요인으로 작용하고 있음은 같은 종류의 실험 사례를 통해 앞서도 이야기한 바 있다.

인간의 주의력이라는 것은 그리 오래 지속되지 않는다. 작업환경이나 개인의 속성과 같은 조건에 따라 다르지만, 일반적인 조건 아래 단일하게, 변화하지 않는 자극을 명료하게 의식하는 시간은 몇 초가 고작이다. 따라서 본인은 의식하고 있어야겠다고 작정하지만 의식하지 못하는 순간이 반드시 존재하는 것이다. 흔히 말하는 부주의 역시 그 자체가 단독으로 존재하는 것이 아니라 주의를 유지하고 있는 사이사이에 출현한다고 생각해야 한다. 이렇게 보면 인간의 의식 활동은 주의－부주의－주의라는 상태의 연속이라 볼 수도 있다.

앞서 단일한 자극을 명료하게 의식할 수 있는 시간은 몇 초에 지나지 않는다고 말했는데, 이것은 특정 자극에 지각이나 사고력을 집중시키는 경우를 뜻한다. 실제 우리의 사회생활이나 생산 현장에서 특정 직무를 빼고 이런 능동적인 작용이 요구되는 경우는 그다지 많지 않다. 만약 일상생활에서 외부의 여러 가지 자극을 모조리 의식하고 그들 모두에 적극적으로 반응하려고 한다면 머릿속은 혼란스러워 수습할 수 없게 되어버린다. 그러므로 작업자는 필요한 정보나 자극을 먼저 골라 그것에 주의를 기울이는 셈이다. 따라서 어느 면에 주의가 기울어지면 다른 면은 소홀히 되어 부주의 상태가 발생한다. 이처럼 부주의와 주의는 동시 존재성이나 선택성이 있음을 염두에 두어야 할 필요가 있다.

터치 앤드 콜

사물에 대한 무관심한 표정, 기운 없는 눈길, 하품 등이 나온다, 말이 없어진다, 내려다보면서 걷는다, 한숨을 쉰다 등의 표정이나 동작은 피로 징후이다. 그밖에 퉁명스레 대꾸하거나, 차분하지 못한 태도를 나타내기 시작한다든가 혹은 연계 작업이 어려워질 때도 주의가 필요하다.

농구나 배구 경기에서 팀워크가 무너졌을 때나 지기 시작할 때

코치나 감독은 작전 타임을 불러 경기를 중단시킨다. 지시를 받은 선수들은 코트에 나가기 전에 함께 둘러선 채 "파이팅!"을 외치며 결속을 다진다. 타임을 부르는 것과 둘러서는 동작은 경기의 흐름을 바꾸고 팀의 사기를 높이는 데 효과적이다.

근래 단시간 위험 예지 활동이 각 사업장에서 이루어지고 있다. 작업을 시작할 때나 작업이 한 단계 끝날 때 전원이 모이거나 여러 그룹으로 나누어 앞으로 할 작업에 대한 위험을 '빨리, 올바르게' 예지해 행동 재해를 막자는 것이다. 그 구체적인 절차로 '터치 앤드 콜'이나 '손가락질', '복창, 복명' 등이 이루어진다. 터치 앤드 콜은 ① 작업자들이 안쪽을 향해 원을 만들고, ② 모두 왼손을 내어 한 가운데에서 서로 겹치며, ③ 한 사람이 "오늘 하루도 안전 작업을 위해 노력하자, 파이팅!" 등의 구호를 외치고, ④ 모두가 그것을 복창해 "파이팅!"을 외치는 동시에 오른손을 위로 올린다.

이런 방법은 생리학적으로나 심리학적으로도 이치에 맞다. '즉시, 즉석'의 이런 활동을 현장 작업뿐 아니라 모든 직장에 전개해 작업 도중에 발생하기 쉬운 의식 수준의 저하, 의식 혼란을 방지하고 안전 행동이 유지될 수 있도록 활용하기 바란다.

참고문헌

中災防 編 ≪新·産業安全ハンドブック≫ 中央勞働災害防止協會 2000年
芳賀 繁 ≪失敗のメカニズム≫ 日本出版サービス 2000年
橋本邦衛 ≪安全人間工學≫ 中央勞働災害防止協會 1984年
堀川直義 ≪面接の心理と技術≫ 法政大學出版局 1971年
海保博之·田辺文也 ≪ヒューマン·エラー≫ 新曜社 1996年
海保博之 ≪人はなぜ誤るのか≫ 福村出版 1999年
狩野廣之 ≪不注意とミスのはなし≫ 勞働科學研究所 1972年
狩野廣之 ≪注意力≫ かんき出版 1980年
黑田 勳 ≪安全文化の創造へ≫ 中央勞働災害防止協會 2000年
正田 亘 ≪職場の事故防止≫ 總合勞働研究所 1972年
正田 亘 ≪安全心理≫ 技術評論社 1981年
正田 亘 ≪環境心理入門≫ 學文社 1984年
正田 亘 ≪目標決定力診斷テスト活用マニュアル≫ ダイヤモンド社 1984年
正田 亘 ≪安全心理學≫ 恒星社厚生閣 1985年
正田 亘 編 ≪ヒューマン·エラー≫ エイデル研究所 1988年
正田 亘 ≪産業·組織心理學≫ 恒星社厚生閣 1992年
正田 亘 ≪增補新版 人間工學≫ 恒星社厚生閣 1997年
正田 亘 〈五感を活用した安全教育プログラムの開發とその効果〉 常磐大學大學院 ≪人間科學論究≫ 8号, 1~10頁, 2000年
正田 亘 ≪五感の體操≫ 学問社 2001年
三浦豊彦他 ≪新勞働産業衛生ハンドブック≫ 勞働科學研究所 1974年
三隅二不二 ≪リーダーシップ行動の科學≫ 有斐閣 1984年
三隅二不二·丸山康則·正田 亘 編 ≪事故豫防の行動科學≫ 福村出版 1988年
大山正·丸山康則 編 ≪ヒューマン·エラーの心理學≫ 麗澤大學出版局 2001年
ジェームス·リーズン(塩見弘 譯·監修) ≪組織事故≫ 日科技連 1999年
申 紅仙 〈潛在的利き性から見た退避行動〉 ≪応用心理學研究≫ 24号, 1~8頁, 1998年
ロバート·ソマー(穐山貞登 譯) ≪人間の空間≫ 鹿島出版會 1972年
谷村富男 ≪ヒューマン·エラーの分析と防止≫ 日科技連 1995年
豊原恒男·正田 亘 ≪安全管理の心理學≫ 誠信書房 1965年
山内桂子·山内隆久 ≪医療事故≫ 朝日新聞社 2000年

안전 한국 5
위험과 안전의 심리학

펴 냄 2015년 10월 10일 1판 1쇄 박음 | 2015년 10월 20일 1판 1쇄 펴냄
지 은 이 마사다 와타루
옮 긴 이 이재식, 박인용
펴 낸 이 김철종
펴 낸 곳 (주)한언
등록번호 제1-128호 / 등록일자 1983. 9. 30
주 소 서울시 종로구 삼일대로 453(경운동) KAFFE 빌딩 2층(우 110-310)
TEL. 02-723-3114(대) / FAX. 02-701-4449
책임편집 서은미, 박정은
디 자 인 정진희, 이찬미, 김정호
마 케 팅 오영일
홈페이지 www.haneon.com
e-mail haneon@haneon.com

책값은 뒤표지에 표시되어 있습니다.
잘못 만들어진 책은 구입하신 서점에서 바꾸어 드립니다.
ISBN 978-89-5596-730-2 04500
ISBN 978-89-5596-706-7 04500(세트)

「이 도서의 국립중앙도서관 출판예정도서목록(CIP)은 서지정보유통지원시스템 홈페이지(http://seoji.nl.go.kr)와 국가자료공동목록시스템(http://www.nl.go.kr/kolisnet)에서 이용하실 수 있습니다.(CIP제어번호: CIP2015025021)」

'인재NO'는 인재人災 없는 세상을 만들려는 (주)한언의 임프린트입니다.

한언의 사명선언문

Since 3rd day of January, 1998

Our Mission – 우리는 새로운 지식을 창출, 전파하여 전 인류가 이를 공유케 함으로써 인류 문화의 발전과 행복에 이바지한다.

– 우리는 끊임없이 학습하는 조직으로서 자신과 조직의 발전을 위해 쉼 없이 노력하며, 궁극적으로는 세계적 콘텐츠 그룹을 지향한다.

– 우리는 정신적·물질적으로 최고 수준의 복지를 실현하기 위해 노력 하며, 명실공히 초일류 사원들의 집합체로서 부끄럼 없이 행동한다.

Our Vision 한언은 콘텐츠 기업의 선도적 성공 모델이 된다.

저희 한언인들은 위와 같은 사명을 항상 가슴속에 간직하고
좋은 책을 만들기 위해 최선을 다하고 있습니다.
독자 여러분의 아낌없는 충고와 격려를 부탁 드립니다.
• 한언 가족 •

HanEon´s Mission statement

Our Mission – We create and broadcast new knowledge for the advancement and happiness of the whole human race.

– We do our best to improve ourselves and the organization, with the ultimate goal of striving to be the best content group in the world.

– We try to realize the highest quality of welfare system in both mental and physical ways and we behave in a manner that reflects our mission as proud members of HanEon Community.

Our Vision HanEon will be the leading Success Model of the content group.